Dr. Malte Plato

Anatomie Band 5

MEDI-LEARN Skriptenreihe

5., komplett überarbeitete Auflage

MEDI-LEARN Verlag GbR

Autor: Dr. Malte Plato
Fachlicher Beirat: PD Dr. Rainer Viktor Haberberger

Teil 5 des Anatomiepaketes, nur im Paket erhältlich
ISBN-13: 978-3-938802-82-3

Herausgeber:
MEDI-LEARN Verlag GbR
Elisabethstraße 9, 35037 Marburg/Lahn

Herstellung:
MEDI-LEARN Kiel
Dorfstraße 57, 24107 Ottendorf
Tel. 0431 78025-0, Fax 0431 78025-262
E-Mail redaktion@medi-learn.de
www.medi-learn.de

Verlagsredaktion:
Dr. Marlies Weier, Désirée Weber, Denise Drdacky, Jens Plasger, Ines Behlert, Kare Ahlschwede, Christian Weier, Janina Sörensen, Kirsten Reinfeld

Layout und Satz:
Fritz Ramcke, Kristina Junghans, Christian Gottschalk, Kira Süther, Julia Petersen, Arne von Bassi

Grafiker:
Dr. Günter Körtner, Irina Kart, Alexander Dospil, Christine Marx

Illustration:
Daniel Lüdeling

Druck:
Messedruck Leipzig GmbH

5. Auflage 2012

Wichtiger Hinweis für alle Leser
Die Medizin ist als Naturwissenschaft ständigen Veränderungen und Neuerungen unterworfen. Sowohl die Forschung als auch klinische Erfahrungen führen dazu, dass der Wissensstand ständig erweitert wird. Dies gilt insbesondere für medikamentöse Therapie und andere Behandlungen. Alle Dosierungen oder Applikationen in diesem Buch unterliegen diesen Veränderungen.
Obwohl das MEDI-LEARN Team größte Sorgfalt in Bezug auf die Angabe von Dosierungen oder Applikationen hat walten lassen, kann es hierfür keine Gewähr übernehmen. Jeder Leser ist angehalten, durch genaue Lektüre der Beipackzettel oder Rücksprache mit einem Spezialisten zu überprüfen, ob die Dosierung oder die Applikationsdauer oder -menge zutrifft. Jede Dosierung oder Applikation erfolgt auf eigene Gefahr des Benutzers. Sollten Fehler auffallen, bitten wir dringend darum, uns darüber in Kenntnis zu setzen.

Inhalt

1 Allgemeines

Fragen in den letzten 10 Examen: 9

Bevor du dich mit der Anatomie des Bewegungsapparates beschäftigst, solltest du die Vokabeln zur Orientierung im Raum verstehen und auch anwenden können. Dazu gehören – neben den Ebenen und Achsen – auch die einzelnen Bewegungsarten. Diese alltäglichen Begriffe sollten in Fleisch und Blut übergehen, was sicherlich am besten gelingt, wenn du dir im Geist ein dreidimensionales Bild des Körpers machst und dann den einzelnen Bewegungen die passenden Bezeichnungen zuordnest. So wird nicht nur das Lernen einfacher, sondern auch das erfolgreiche Anwenden des Gelernten in schriftlichen und mündlichen Prüfungen. Da das folgende Einführungskapitel die Grundlage für alle weiteren bildet, wurde darauf verzichtet, einzelne Schwerpunktthemen herauszuarbeiten. Denn in vielen Fragen kommen die Begriffe, die hier erklärt sind, eben nicht als das Hauptthema vor, sondern sind Grundvoraussetzung für deren Verständnis. Mit anderen Worten: Obwohl eher selten explizit nach den

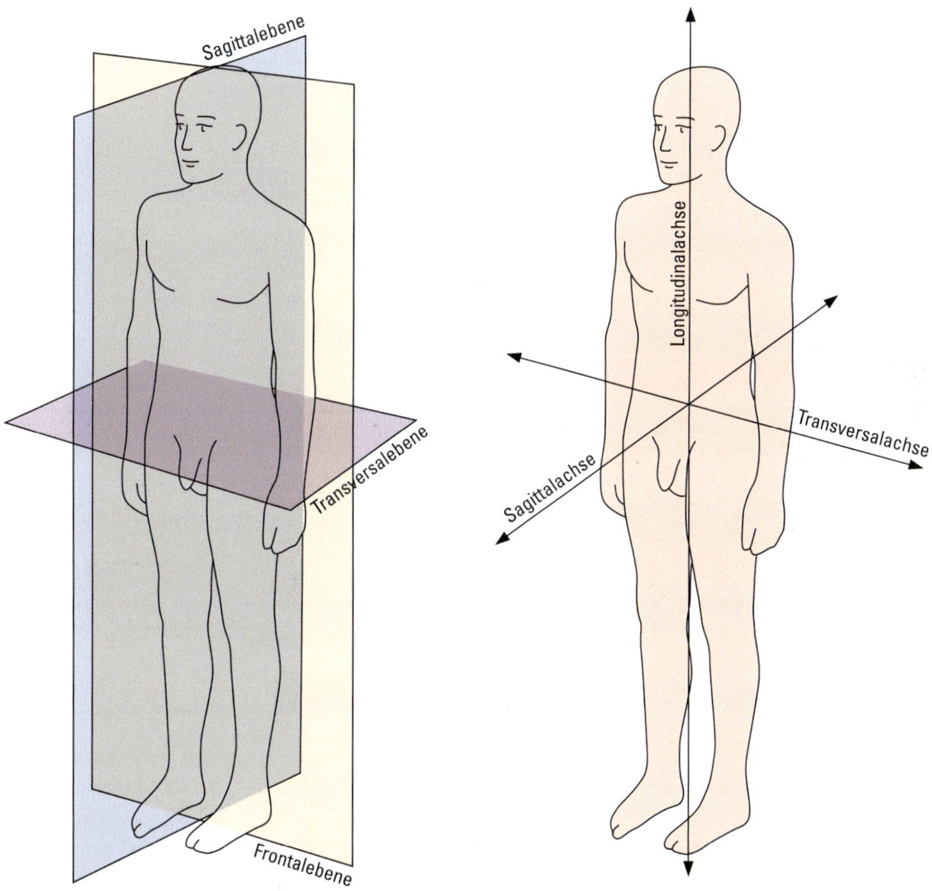

Abb. 1: Achsen und Ebenen

medi-learn.de/ana5-1

1

hier erklärten Begriffen gefragt wird, sind sie extrem wichtig und zwar nicht nur fürs Physikum.

1.1 Achsen und Ebenen

Da es im Raum drei Dimensionen gibt, in denen wir uns bewegen, lässt sich dieser Raum auch mit drei Achsen definieren und verfügt entsprechend über drei Ebenen.

Achse	Richtung im Körper
Sagittal	vorne nach hinten
Transversal	links nach rechts
Longitudinal	oben nach unten

Ebene	Unterteilt den Körper in
Sagittalebene	links und rechts
Transversalebene/ Horizontalebene	oben und unten
Frontalebene	vorne und hinten

Tab. 1: Achsen und Ebenen

1.2 Bewegungen um Achsen und damit in Ebenen

Eine Bewegung findet immer um eine Achse statt. Anstelle des Begriffs „Achse" benutzt man in der Medizin den Begriff „Freiheitsgrad".
Zur besseren Veranschaulichung eignet sich das Beispiel eines Fahrradreifens: Das Rad kann sich nach vorne oder nach hinten um die Achse drehen. In diesem Fall sind vorne und hinten die möglichen Bewegungen. Der Bewegungsvorgang spielt sich innerhalb einer Ebene ab, die durch die Speichen dargestellt wird.

Merke!

Um einen Freiheitsgrad (Achse) gibt es immer zwei mögliche Bewegungen, die innerhalb einer Ebene ablaufen.

Da wir pro Freiheitsgrad zwei mögliche Bewegungen haben, gibt es insgesamt folglich sechs Bewegungen. Dies sind:

Achse	Bewegungen	In der Ebene
Sagittal	Abduktion und Adduktion	Frontalebene
Transversal	Flexion und Extension	Sagittalebene
Longitudinal	Innenrotation und Außenrotation	Transversalebene/ Horizontalebene

Tab. 2: Achsen

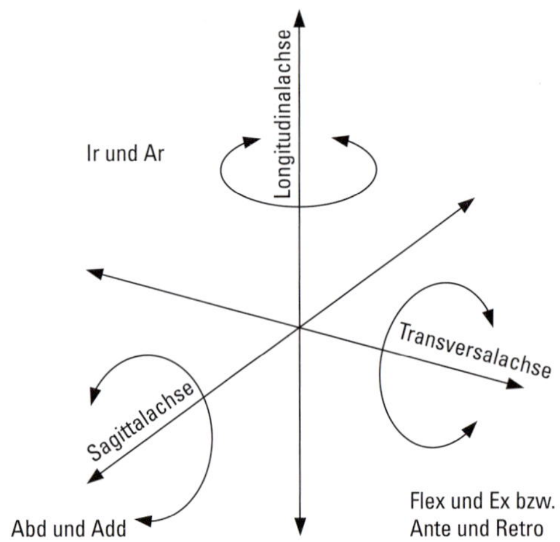

Abb. 2: Bewegungen *medi-learn.de/ana5-2*

Merke!

An sich gibt es im Körper nur sechs Bewegungen, von denen jeweils zwei gegenläufig sind. Diese beiden spielen sich **in einer Ebene um eine Achse** (Freiheitsgrad) ab.

Die zusätzlich existierenden weiteren Bezeichnungen sind lediglich Unterarten oder Kombinationen der bekannten sechs Bewegungen (s. Tab. 3). Solche Fallen sollten dich jedoch nicht von dem einfachen und praktikablen „sechs-Bewegungs-Wissen" abhalten.

Begriff	Ist folgende Bewegung
Elevation	Abduktion über 90° im Schultergelenk
Anteversion	Flexion in Schulter- und Hüftgelenk
Retroversion	Extension in Schulter- und Hüftgelenk
Zirkumduktion	Kombinationsbewegung aller sechs Bewegungen, in der ein Arm oder ein Bein einen Kegel in die Luft malt
Opposition	Daumen an den kleinen Finger heranbringen (Kombination aus Flexion und Adduktion)
Reposition	Daumen vom kleinen Finger wegbewegen (Kombination aus Extension und Abduktion)

Tab. 3: Bewegungskombinationen

1.3 Gelenktypen und Freiheitsgrade

Gelenke können – je nach ihrer Bauart – in solche mit einem, zwei oder drei Freiheitsgraden unterteilt werden (mehr als drei Freiheitsgrade sind nicht möglich, weil es nicht mehr als drei Ebenen im dreidimensionalen Raum gibt). Pro Freiheitsgrad gibt es zwei Bewegungen, was bedeutet, dass ein Gelenk mindestens zwei und höchstens sechs Bewegungen zulässt.

Gelenktyp	Freiheitsgrade
Scharniergelenk	1
Radgelenk	1
Eigelenk	2
Sattelgelenk	2
Kugelgelenk	3

Tab. 4: Freiheitsgrade

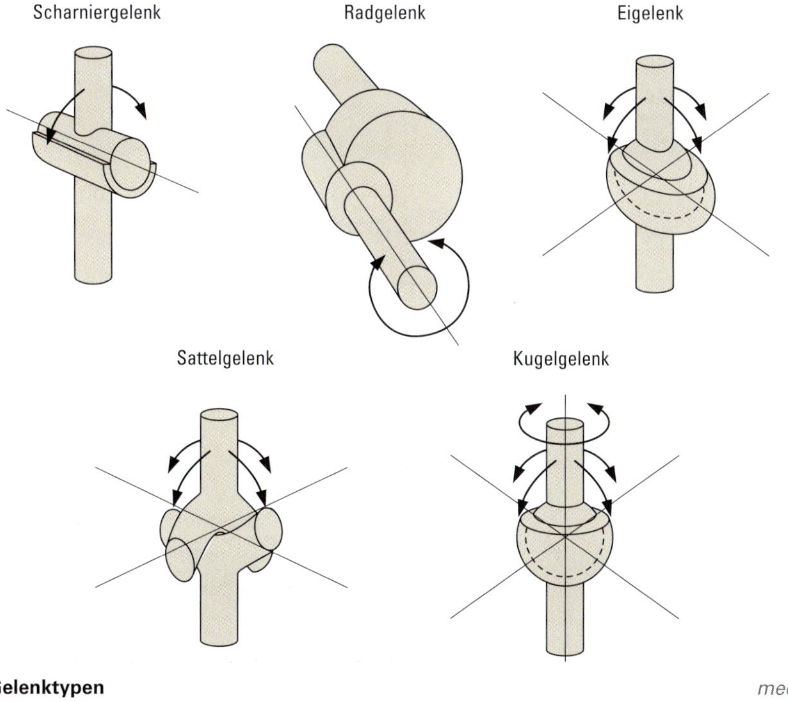

Abb. 3: Gelenktypen

medi-learn.de/ana5-3

1

1.3.1 Diarthrosen und Synarthrosen

Als **Diarthrosen** bezeichnet man **echte Gelenke**. Dazu zählen auch die **Amphiarthrosen**, obwohl diese nur ein geringes Bewegungsausmaß zulassen (z. B. kleine Fußgelenke, iliosakrales Gelenk).
Alle echten Gelenke müssen folgende **obligate Anteile** besitzen:
- mindestens zwei Knochenanteile,
- einen Gelenkspalt zwischen den Knochen,
- eine Gelenkkapsel mit der innen anliegenden Membrana synovialis,
- Gelenkknorpel.

Fakultative Anteile sind:
- Menisken,
- Disci,
- Bänder.

Synarthrosen werden auch „Haften" genannt. Sie sind keine echten Gelenke, sondern **Knochenverbindungen**, da sie sich zwar mehr oder weniger gegeneinander bewegen, aber keine der typischen Anteile eines echten Gelenkes aufweisen. Meistens sind sie recht straff und durch Bänder, Knorpel oder Knochen fest miteinander verbunden.

Synarthrosen	Verbindung	Beispiel
Syndesmosen	Bänder	– Membrana interossea – Schädelsuturen
Synchondrosen	Knorpel	– Zwischenwirbelscheiben – Symphysis pubica
Synostosen	Knochen	– Fossa acetabuli

Tab. 5: Synarthrosen

1.4 Gelenkphysik

Der **Hebelarm** ist der Abstand des Gelenks vom Ansatzpunkt eines Muskels. Je größer der Hebelarm ist, desto effektiver ist die Muskelwirkung. Mit der Stellung des Gelenks ändert sich auch der virtuelle (wirksame) Hebelarm. Je größer dieser ist, desto effizienter wird die Muskelwirkung ausgenutzt. In Streckstellung ist der virtuelle Hebelarm sehr klein, was dazu führt, dass die meiste Kraft nur zum Aufeinanderpressen der Knochenanteile verwendet wird. In Beugestellung wächst der virtuelle Hebelarm und die Kraft kann als **Hubkraft** (als Bewegung) genutzt werden.

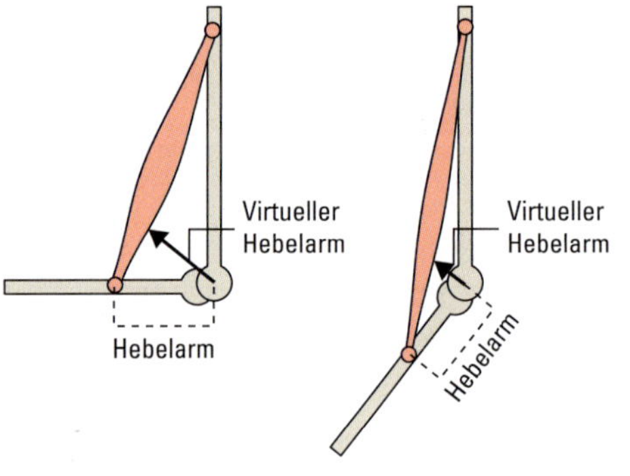

Abb. 4: Virtueller Hebelarm *medi-learn.de/ana5-4*

1.4.1 Zuggurtung

Das beste Beispiel für eine Zuggurtung ist der Tractus iliotibialis mit seiner Wirkung auf den Femur.
Ohne Zuggurtung würden im Einbeinstand auf die mediale Seite des Femurs Druckkräfte, auf die laterale Seite Zugkräfte wirken. Zugkräfte können Knochen jedoch nicht gut vertragen und Knochenbrüche wären die Folge.

Als Gegenmittel gibt es die **Zuggurtung**: Neben dem Knochen wird lateral ein Zügel eingebaut, der die entstehenden **Zugkräfte in Druckkräfte umwandelt** (**Zuggurtungsprinzip**). Daher bestehen nun auf beiden Seiten Druckkräfte, die der Knochen gut aushalten kann.

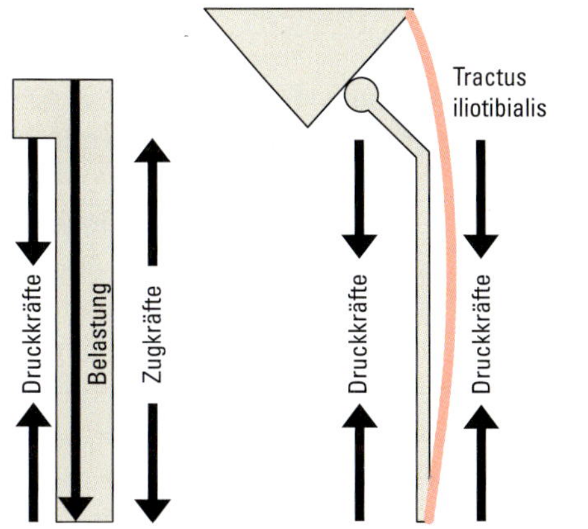

Abb. 5: Zuggurtung *medi-learn.de/ana5-5*

1.5 Aktive und passive Insuffizienz

Wenn man sich ausschließlich die Knochen vorstellt und alle anderen Anteile vernachlässigt, hat ein Gelenk fast immer ein sehr viel höheres Bewegungsausmaß als das in der Realität der Fall ist. Offensichtlich wird dies bei Betrachtung der Bewegungsmöglichkeiten des Hüftgelenks am Skelett, wenn du die theoretisch möglichen Bewegungen mit denen vergleichst, die du selbst durchführen kannst. Ursachen hierfür sind auf der einen Seite **Hemmungen**:

- Knochenhemmung bedeutet, dass ein Knochen die Bewegung limitiert;
- Weichteilhemmung bedeutet entsprechend, dass Weichteile der Bewegung im Wege stehen;
- Bänderhemmung bedeutet, dass Bänder so straff sind, dass sie eine Bewegung beenden.

Auf der anderen Seite sind aktive und passive Insuffizienzen bewegungslimitierend. Hierbei spielen die Muskeln, die ein Gelenk bewegen, die Hauptrolle.

Ein **Agonist** bewegt das Gelenk in eine Richtung (z. B. Extension), der **Antagonist** macht das Gegenteil (Flexion). Wichtig zu wissen ist, dass der Antagonist dann gedehnt wird, wenn der Agonist sich verkürzt.

Als Beispiel dient wieder einmal das Hüftgelenk: Am Skelett kannst du eine Flexion von 180° durchführen. In Wirklichkeit schaffst du aber nur so um die 130°, und das auch nur bei gebeugtem Knie. Das liegt daran, dass der Hüftbeuger bei ca. 130° Flexion seine absolute Verkürzungslänge – sie wird **Hubhöhe** genannt – erreicht hat. Damit kann die Bewegung nicht weiter ausgeführt werden. Diese Art der Begrenzung bezeichnet man als **aktive Insuffizienz**.

Versuchst du das gleiche mit gestrecktem Knie, ist die Hüftbeugung nur noch bis ca. 90° möglich. Außerdem spürst du, wie die Hüftstrecker auf der Oberschenkelrückseite gedehnt werden. Das liegt daran, dass bei gestrecktem Kniegelenk die Antagonisten der Hüftbeugung (die Hüftstrecker) schon vorgedehnt sind. Verkürzen sich jetzt die Beuger, werden die Strecker bis zum Maximum gedehnt und limitieren dadurch die Bewegung, was als **passive Insuffizienz** bezeichnet wird.

Insuffizienz	Erklärung	Beispiel
Aktive Insuffizienz	Da der Agonist einer Bewegung seine kürzeste Hubhöhe erreicht hat, wird die Bewegung beendet.	Hüftbeugung bei gebeugtem Kniegelenk
Passive Insuffizienz	Der Agonist hat zwar seine kürzeste Hubhöhe noch nicht erreicht, aber sein Antagonist ist so sehr gedehnt, dass dieser die Bewegung limitiert.	Hüftbeugung bei gestrecktem Kniegelenk

Tab. 6: Aktive und passive Insuffizienz

1.6 Muskelfaszien und Muskellogen

Wichtig hierbei ist der Begriff **Septum intermusculare**. Von der großen Körperfaszie (Scarpa fascie) ziehen Bindegewebsstränge (Septa intermuscularia) zum Knochen und bilden damit **Muskellogen**.

Die Muskeln, die innerhalb einer Loge liegen, werden als **Muskelgruppen** bezeichnet, wie z. B. die Flexoren in der Flexorenloge des Oberarms. Die Kenntnis der Muskelgruppen ist hilfreich, da bis auf einige Ausnahmen alle Muskeln in einer Loge von dem gleichen Nerv motorisch innerviert und auch von den gleichen Gefäßen versorgt werden. Eine Tatsache, die das Lernen sehr viel einfacher macht.
Achtung: Nur weil ein Muskel in der Extensorenloge liegt, muss er noch lange kein Extensor sein (s. M. sartorius in Tab. 29, S. 46)!

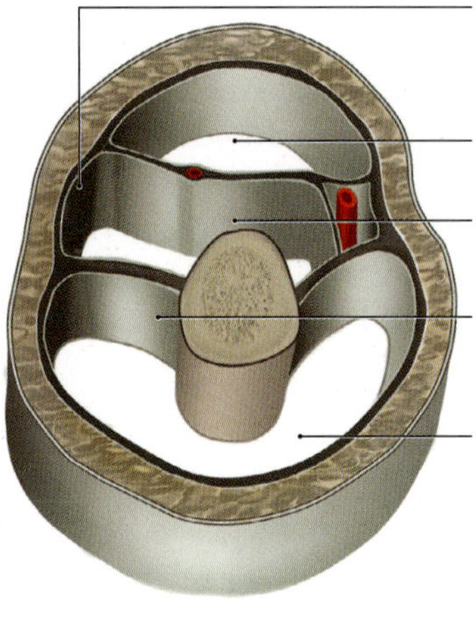

Abb. 6: Muskellogen *medi-learn.de/ana5-6*

Kompartmentsyndrome

Die Muskellogen bilden abgeschlossene Kompartimente. Kommt es zur Druckerhöhung innerhalb eines oder mehrerer Kompartimente und wird hierdurch der arterielle Kapillarperfusionsdruck überschritten (ab etwa 40 mmHg), folgt eine Minderperfusion. Im schlimmsten Fall führt das zum Absterben aller Strukturen in der betroffenen Loge mit Ausbildung einer Volkmann-Kontraktur. Obwohl hierbei die Kapillarperfusion gestört ist, lassen sich die peripheren Pulsationen ggf. noch tasten. Um den Druck zu senken, muss sofort eine operative Spaltung (Fasziotomie) der Logen erfolgen. Am häufigsten tritt ein Kompartmentsyndrom in der Extensorenloge des Unterschenkels auf, prinzipiell aber kann jede Muskelloge betroffen sein.

DAS BRINGT PUNKTE

In diesem Kapitel wurden die typischen Vokabeln behandelt, die eine Orientierung im Körper ermöglichen. Begriffen wie **Achsen, Ebenen** und den dazugehörigen **Bewegungen** ein inneres Bild zuzuordnen, erscheint anfangs schwierig. Es geht aber schnell ins Alltägliche über, wenn du grundsätzlich nur die hier erwähnten Vokabeln benutzt.
Viele Fragen im schriftlichen und mündlichen Physikum kannst du nur dann lösen, wenn die Bewegungen klar sind. Daher solltest du folgenden Vokabeln ein Bild zuordnen können:

- Achsen und Ebenen
- Bewegungen um Achsen und in Ebenen.

Einige Bewegungen haben eigene Namen:

- Opposition, Reposition
- Elevation
- Anteversion, Retroversion
- Zirkumduktion.

Dabei handelt es sich aber nur um „Sonderformen" (s. Tab. 3, S. 3) der möglichen sechs Bewegungen im Körper:

- Abduktion, Adduktion
- Flexion, Extension
- Innenrotation, Außenrotation.

Häufig werden auch die **Gelenktypen** gefragt. Jedes größere Gelenk im Körper sollte du dem richtigen Typ zuordnen können (s. einzelne Gelenke im Skript). Gerade wenn es sich um Sonderformen handelt (s. Tab. 3, S. 3), kann man leicht ins Schleudern geraten. Die bekanntesten fünf Typen sind:

- Kugelgelenk
- Scharniergelenk
- Eigelenk
- Sattelgelenk
- Radgelenk.

Ein Gelenk kann maximal drei Freiheitsgrade haben und damit höchstens sechs Bewegungen. Auch die Anzahl der Freiheitsgrade zum Gelenktyp solltest du wissen, denn damit wird die Zuordnung der möglichen Bewegungen leichter.

Aktive und passive Insuffizienz werden alle zwei bis drei Jahre im schriftlichen Physikum gefragt, zum Glück aber immer das gleiche Beispiel mit der Flexion im Hüftgelenk bei gebeugtem und gestrecktem Knie:

- Aktive Insuffizienz = Beendigung der Hüftbeugung bei gebeugtem Kniegelenk,
- passive Insuffizienz = Beendigung der Hüftbeugung bei gestrecktem Kniegelenk.

FÜRS MÜNDLICHE

Auch in der mündlichen Prüfung ist ein sicherer Umgang mit den Bewegungen, Achsen, Ebenen und Gelenktypen unerlässlich, da das dem Prüfer die Sicherheit des Prüflings demonstriert. Oft werden Fragen zu diesen Themen als „Einführung" in die Prüfung benutzt, um so das Basiswissen zu prüfen. Wenn du die Chance hast, auf das Zuggurtungsprinzip zu kommen, solltest du dieses Wissen auf alle Fälle anbringen, da es zeigt, dass du einen wichtigen Zusammenhang verstanden hast und mehr als nur die Vokabeln beherrschst.

1. **Wie viele und welche Bewegungen kennen Sie?**
2. **Bitte erklären Sie, in welcher Ebene und um welche Achse die Flexion verläuft.**

3. **Nennen Sie einen Gelenktypen des menschlichen Körpers mit Beispiel.**
4. **Bitte erklären Sie, was eine Zuggurtung ist.**
5. **Erläutern Sie bitte, was Muskellogen sind.**

---

1. Wie viele und welche Bewegungen kennen Sie?
Sechs: Abduktion, Adduktion, Innenrotation, Außenrotation, Flexion, Extension.
Zusätzlich Kombinationsbewegungen: Zirkumduktion, Opposition, Reposition.

2. Bitte erklären Sie, in welcher Ebene und um welche Achse die Flexion verläuft.
In der Sagittalebene um die Transversalachse.

3. Nennen Sie einen Gelenktypen des menschlichen Körpers mit Beispiel.
Scharniergelenk: distales Interphalangealgelenk und proximales Interphalangealgelenk;
Kugelgelenk: Schultergelenk;
Sattelgelenk: Daumensattelgelenk.

4. Bitte erklären Sie, was eine Zuggurtung ist.
Eine Zuggurtung dient der Umwandlung von Zug- in Druckkräfte. Ein Beispiel hierfür ist der Tractus iliotibialis.

5. Erläutern Sie bitte, was Muskellogen sind.
Bindegewebsräume, die die Muskeln in Gruppen zusammenfassen, die meistens von ein und demselben Nerven und auch demselbem Gefäß versorgt werden.
Beispiel: oberflächliche und tiefe Flexorenloge am Unterschenkel.

Mehr Cartoons unter www.medi-learn.de/cartoons

Pause

In diesem Sinne ... kurze Pause!

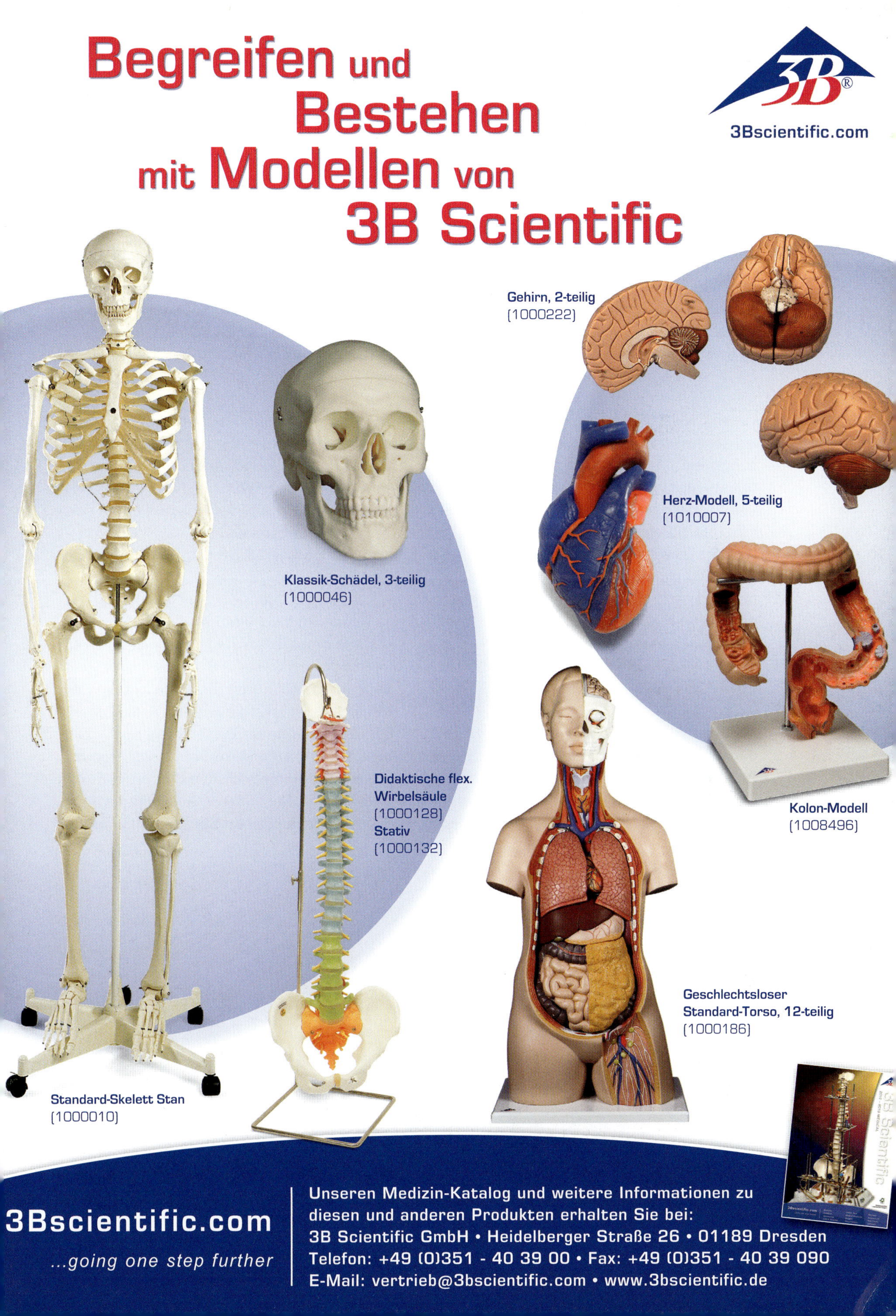
Begreifen und
Bestehen
mit Modellen von
3B Scientific
3B®
3Bscientific.com
Gehirn, 2-teilig
(1000222)
Klassik-Schädel, 3-teilig
(1000046)
Herz-Modell, 5-teilig
(1010007)
Didaktische flex.
Wirbelsäule
(1000128)
Stativ
(1000132)
Kolon-Modell
(1008496)
Geschlechtsloser
Standard-Torso, 12-teilig
(1000186)
Standard-Skelett Stan
(1000010)
3Bscientific.com
...going one step further
Unseren Medizin-Katalog und weitere Informationen zu
diesen und anderen Produkten erhalten Sie bei:
3B Scientific GmbH • Heidelberger Straße 26 • 01189 Dresden
Telefon: +49 (0)351 - 40 39 00 • Fax: +49 (0)351 - 40 39 090
E-Mail: vertrieb@3bscientific.com • www.3bscientific.de

2 Obere Extremität

Fragen in den letzten 10 Examen: 31

Gerade das Thema obere Extremität eignet sich sehr gut, um Faktenwissen zu prüfen. Im schriftlichen Teil des Physikums werden dazu sowohl Bild- als auch Textfragen gestellt, die lediglich reines Auswendiglernen voraussetzen. Aber wie immer kannst du dir das Lernen viel einfacher machen, wenn du nicht stur Lernkarten paukst, sondern die einzelnen Themen auf das Wesentliche reduzierst und diese „Lernhäppchen" dann verstehst. Das Reduzieren haben wir gemacht, das Verstehen ist jetzt dein Part. Bei der oberen Extremität sind einige Muskeln und Nervenverläufe (s. Hinweise im Text) typische Themen, die nicht nur im Schriftlichen zum Punktesammeln dienen, sondern auch in mündlichen Prüfungen gerne als Einstiegsfragen gewählt werden, um zu testen, ob du die Grundlagen verstanden hast.

2.1 Gelenke und Bänder

Die Gelenke und Bänder dienen der Bewegung und der Sicherung der Gelenkanteile. Da der Arm im Schultergelenk die am besten bewegliche Extremität des Körpers ist, wird ihm besonders großes Interesse entgegen gebracht.

2.1.1 Schultergelenk

Der **Schultergürtel** verbindet den Rumpf mit dem Arm. Er besteht aus Scapula und Clavicula. Diese beiden Knochen bewegen sich bei fast jeder Bewegung der Schulter mit und bilden daher zusammen mit dem eigentlichen Schultergelenk eine **funktionelle Einheit**. Die folgenden Gelenke werden zwar sehr selten im schriftlichen Physikum gefragt und an dieser Stelle kurz gehalten, sind aber für das Verständnis der Schulter wichtig und daher doch wieder prüfungsrelevant.

Insgesamt besteht die funktionelle Einheit der Schulter aus vier Anteilen:

- drei echte Gelenke (zwei Gelenke der Clavicula + das Schultergelenk) und
- die thorakoscapulare Gleitschicht, die kein echtes Gelenk ist.

Besonders wichtig ist die thorako-scapulare Gleitschicht, durch die wir den Arm über 90° abduzieren können. Dieser Vorgang funktioniert so: Steht der Arm bei ca. 90° Abduktion, würde theoretisch der Humerus an das Acromion stoßen. Dazwischen liegt die Bursa subacromialis, eine Art Stoßdämpfer, um das

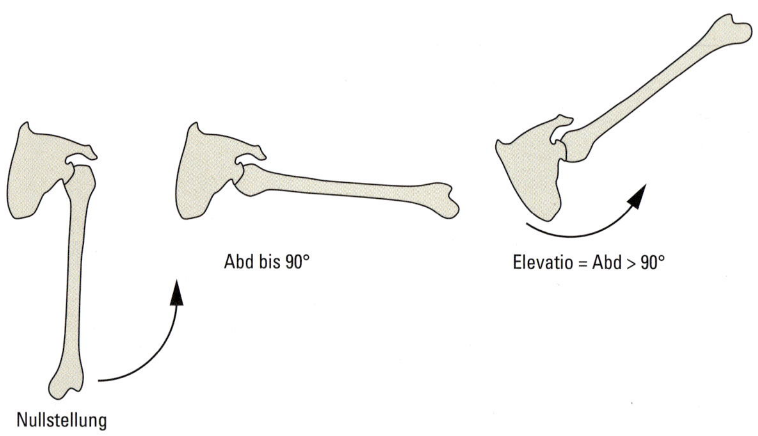

Abb. 7: Elevation

medi-learn.de/ana5-7

Aneinanderstoßen beider Knochen zu verhindern. Verschiedene Muskeln drehen nun die Scapula mit der unteren Spitze nach außen, dadurch wird das Acromion weggedreht und der Weg für den Humerus nach oben ist frei: Die Abduktion über 90° kann durchgeführt werden.

Merke!

Die Abduktion über 90° im Schultergelenk wird Elevation genannt, ist aber eine ganz normale Abduktion.

Übrigens ...
Die **Bursa subacromialis** ist der einzige Schleimbeutel, der jemals im Physikum gefragt wurde.

Die **Clavicula** dient als „Führungsstange" im Gefüge. Sie bildet die eigentliche Verbindung zwischen Arm und Rumpf. Ihre zwei Gelenke sind die Articulatio sternoclaviculare und die Articulatio acromioclaviculare.
Das sternoclaviculare Gelenk ist ein Zweikammergelenk, das durch einen Discus articularis unterteilt ist.
Das acromioclaviculare Gelenk – auch Schultereckgelenk genannt – ist keiner typischen Gelenkart zuzuordnen. Als Notlösung spricht man daher von einem funktionell eingeschränkten Kugelgelenk.
Das Hauptgelenk der Schulter ist die **Articulatio humeri**, deren Kopf vom Humerus und deren Pfanne von der Cavitas glenoidalis der Scapula gebildet wird. Dies ist das Kugelgelenk mit der **größten Bewegungsfreiheit** im menschlichen Körper. Die Gründe dafür sind:
- **Großer Kopf** und **kleine Pfanne** (Verhältnis ca. 4:1, mit dem Nachteil, dass es sehr leicht luxiert); dieses Verhältnis wird durch das Labrum glenoidale etwas zugunsten der Pfanne verbessert.
- Es ist **muskelgesichert** (Achtung: Es gibt hier auch einige Bänder, die absolut wichtig sind; s. Tab. 7, S. 12).
- Sehr **schlaffe Gelenkkapsel** und dass damit genügend Spielraum für die Knochen vorhanden ist. Dieser Reserveanteil der Kapsel liegt in der Achsel und ist der **Recessus axillaris**, der sich bei Abduktion spannt (vergleichbar mit einem Hemd, das bei adduziertem Arm in der Achsel Falten wirft).

Die Gelenkkapsel hat noch eine Besonderheit: Durch die Kapsel hindurch – also **intraartikulär – läuft die Sehne des langen Bizepskopfes**. Man sagt zwar, die „Sehne läuft frei durch das Gelenk", aber in Wirklichkeit liegt sie innerhalb einer röhrenartigen Verschiebeschicht (Vagina intertubercularis), die dafür sorgt, dass am Austrittspunkt der Sehne aus der Kapsel keine Synovialflüssigkeit heraustritt.

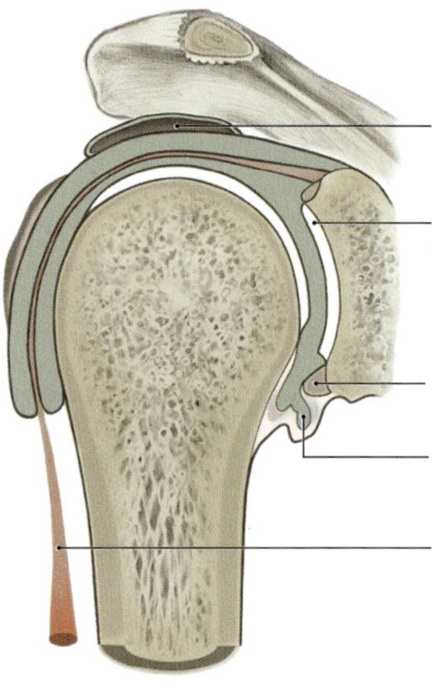

Abb. 8: Schultergelenk *medi-learn.de/ana5-8*

Bewegungen

Die Bewegungen im Schultergelenk sind die typischen sechs (s. Tab. 3, S. 3), werden jedoch anders genannt:
- Flexion/Extension heißen hier **Anteversion** und **Retroversion.**
- Die Abduktion über 90° heißt **Elevation.**
- Innen- und Außenrotation behalten ihre Namen.

- Die Zirkumduktion ist eine Kombination aller sechs Bewegungen, bei der der Arm einen Kegel in die Luft zeichnet.

Bänder

Sicher beherrschen solltest du die drei Bänder im Schultergelenk. Eine typische Falle ist, dass zwei der drei Bänder einen sehr ähnlichen Verlauf haben, aber unterschiedlich heißen: Es gibt zwei **Ligamenta coracoclavicularia**; das vordere heißt **Ligamentum trapezoideum**, das hintere **Ligamentum conoideum**. Ihre Funktion ist es – zusammen mit dem Ligamentum acromioclaviculare – die Clavicula an ihrem lateralen Ende unten am Acromion zu halten. Das ist wichtig, da der Zug des Musculus trapezius die Clavicula ansonsten nach kranial ziehen würde.

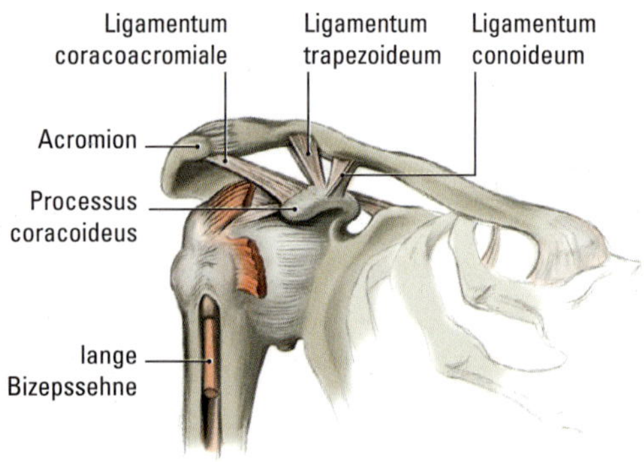

Abb. 9: Schulterbänder *medi-learn.de/ana5-9*

Übrigens ...
Die „Tossi-Verletzungen“ sind Zerreißungen dieses Bandapparates, wodurch die Clavicula an ihrem lateralen Ende nach kranial schaut. Drückt man sie runter, schmerzt es und der Patient stöhnt. Lässt man los, springt die Cla vicula wieder hoch, was zur Bezeichnung Klaviertastenphänomen geführt hat.

Schließlich solltest du noch das **Ligamentum coracoacromiale** kennen, das ein Dach über dem Humeruskopf bildet.

1. Thorakoscapulare Gleitschicht	– kein echtes Gelenk – ermöglicht die Elevation durch „nach außen drehen“ des unteren Scapulaanteils
2. Art. sternoclavicularis	– einzige knöcherne Verbindung Arm zu Rumpf – hat einen Discus articularis
3. Art. acromioclavicularis	– Schultereckgelenk – Lig. acromioclaviculare
4. Art. humeri	– eigentliches Schultergelenk – Kugelgelenk mit der größten Bewegungsfreiheit des Menschen – muskelgesichert – großer Kopf, kleine Pfanne (Stabilität durch Labrum glenoidale verbessert) – Bursa subacromialis – Recessus axillaris (bei Abduktion gespannt) – intraartikulär verlaufende lange Bizepssehne – Ligamenta: trapezoideum, conoideum und coraco-acromiale

Tab. 7: Überblick über die funktionelle Einheit der vier Gelenke an der Schulter

2.1.2 Ellenbogengelenk

Auch das Ellenbogengelenk ist kein Gelenk, sondern eine funktionelle Einheit aus vier einzelnen Gelenken. Man spricht beim Ellenbogengelenk von einem „Drehscharniergelenk“ (Trochoginglymus). Obwohl diese vier Gelenke alle zusammen arbeiten, haben sie streng getrennte Aufgaben:

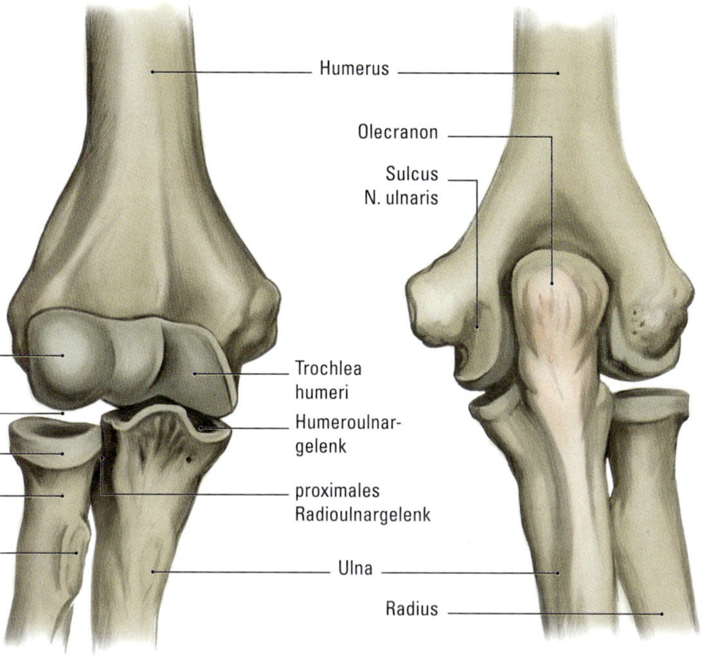

Abb. 10: Ellenbogenknochen (s. a. IMPP-Bild 6 im Anhang S. 83) *medi-learn.de/ana5-10*

1. Die Articulatio **humeroulnaris** ist ein reines Scharniergelenk, in dem nur Flexion und Extension durchgeführt werden.
2. Die Articulatio **humeroradialis** ist ein funktionell eingeschränktes Kugelgelenk mit vernachlässigbarer Funktion.
3. und 4. Die Articulatio **radioulnaris proximalis** und die Articulatio **radioulnaris distalis.** Diese beiden bilden eine funktionelle Einheit, bestehend aus einer festen **Ulna, um die herum sich der Radius drehen kann** („das Rad dreht sich"). Sie sind für Pronation und Supination zuständig und werden durch die Membrana interossea verbunden.

In der Gelenkkapsel des Ellenbogengelenks liegen die drei ersten Gelenke. Die Articulatio radioulnaris distalis besitzt eine eigene Gelenkkapsel direkt vor dem Handgelenk, hat aber funktionell NICHTS mit dem Handgelenk zu tun.

Merke!

- Supination: („als ob man Suppe tragen würde"): Die Handfläche zeigt bei gebeugtem Ellenbogen nach oben. Bei der Supination steht der Radius parallel zur Ulna. Die Membrana interossea ist gespannt.
- Pronation: („als ob man B(P)rot greifen würde"): Die Handfläche zeigt bei gebeugtem Ellenbogen nach unten. Bei der Pronation überkreuzt der Radius die Ulna. Die Membrana interossea ist schlaff.

Bänder

An Bändern solltest du kennen:

1. Auf der medialen Seite das **Ligamentum collaterale ulnare**, eine feste Verbindung zwischen Humerus und Ulna.
2. Das immer wieder gern gefragte **Ligamentum anulare**, das, von der Ulna ausgehend,

sich einmal kreisförmig um das Radiusköpfchen herumlegt und wieder an der Ulna ansetzt.

3. Das **Ligamentum collaterale radiale** auf der Lateralseite. Dieses Band hat seinen Ursprung am Humerus, setzt aber nicht – wie man es erwarten würde – am Radius an, sondern am **Ligamentum anulare**.

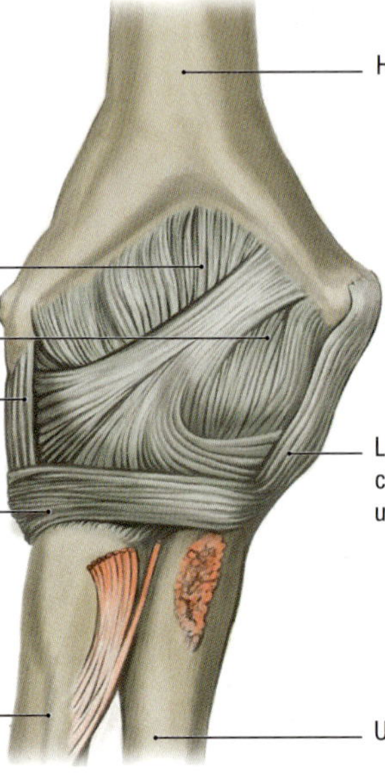

Abb. 11: Ellenbogenbänder *medi-learn.de/ana5-11*

Übrigens ...
Abgesehen von der Tatsache, dass auch der dritte Punkt gerne im Physikum gefragt wird, ist er die Ursache für das Krankheitsbild **Pronatio dolorosa**: Bei Kindern sind die Bänder noch nicht so fest wie bei Erwachsenen. Zieht man nun bei einem Kind kurz, aber kräftig am Arm, beispielsweise wenn man es an der Hand hält und es stolpert, so wird Zug auf die Kollateralbänder ausgeübt. Durch die Befestigung des Ligamentum collaterale radiale am Ligamentum anulare, kann das Ligamentum anulare über das Radiusköpfchen hinausrutschen und im Gelenkspalt zwischen Radius und Humerus eingeklemmt werden. Das tut dann ordentlich weh. Aber keine Angst: Durch einen gekonnten manualtherapeutischen Handgriff springt das Band in seine alte Position zurück.

Art. humeroulnaris	– reines Scharniergelenk – Flexion und Extension – Lig. collaterale ulnare – Lig. collaterale radiale – Achtung: Ansatz am Lig. anulare
Art. humeroradialis	– funktionell eingeschränktes Kugelgelenk
Art. radioulnaris proximalis	– funktionelle Einheit mit dem distalen Radioulnargelenk – Pronation und Supination – Lig. anulare
Art. radioulnaris distalis	– funktionelle Einheit mit dem proximalen Radioulnargelenk – Pronation und Supination – liegt in eigener Gelenkkapsel in der Nähe des Handgelenks, steht funktionell damit aber nicht in Verbindung

Tab. 8: Überblick über die funktionelle Einheit der vier Gelenke am Ellenbogen

2.1.3 Handgelenke

Es gibt eine Unzahl von kleinen Handgelenken, die sich zwischen den Handwurzeln ausbilden. Für uns sind glücklicherweise nur zwei von Interesse:

– Die **Articulatio radiocarpalis** (proximales Handgelenk) liegt zwischen dem Radius (als Gelenkpfanne) und der proximalen Handwurzelknochenreihe (als Gelenkkopf). Es ist ein Ellipsoidgelenk mit zwei Freiheitsgraden, also vier möglichen Bewegungen: Palmarflexion gegen Dorsalextension sowie Ulnarabduktion gegen Radialabduktion. Als zusätzliche Struktur existiert der Discus articularis. Er ist wichtig, denn er liegt zwischen der Ulna und den proximalen Handwurzelknochen und bildet den zweiten Teil der Gelenkpfanne.

Merke!

Du solltest dir angewöhnen, an der Hand die Richtungen der Bewegung mit zu nennen, denn manchmal wird die Dorsalextension auch Dorsalflexion genannt (leider auch immer noch in den Fragen des schriftlichen Examens). Solange du dich aber auf die Richtung (dorsal, palmar, ulnar, radial) konzentrierst, kann dir das, was dahinter steht, recht egal sein.

- Das zweite Gelenk ist die **Articulatio mediocarpalis**, die sich zwischen beiden Handwurzelknochenreihen ausbildet. Sie ist ein verzahntes Scharniergelenk, das bis jetzt meist als Falschantwort im schriftlichen Physikum auftauchte. Wenn du aber im Mündlichen das Thema Art. radiocarpalis bekommst, solltest du auch immer einige Sätze zur Art. mediocarpalis auf Lager haben.

Art. radiocarpalis	– Ellipsoidgelenk – Dorsalextension gegen Palmarflexion und Radialabduktion gegen Ulnarabduktion – Gelenkkopf: prox. Handwurzelknochen – Gelenkpfanne: Radius und Discus articularis
Art. mediocarpalis	– verzahntes Scharniergelenk

Tab. 9: Überblick über die beiden prüfungsrelevanten Handgelenke

2.1.4 Fingergelenke

Hier ist es sehr wichtig, dir die Zeit zu nehmen und die einzelnen Namen der Gelenke genau durchzulesen. Es gibt viele Gelenke mit ähnlichen Namen, was dich nicht verwirren darf, denn genau darauf sind die Fragen im schriftlichen Physikum ausgerichtet. Also: Die einzelnen Themen sind zwar einfach, aber wenn du

erstmal auf die falsche gedankliche Bahn geraten bist, sind Fehler leider unvermeidlich.

Merke!

Die verschiedenen Handwurzelknochen kannst du dir am besten so merken:

- Proximale Reihe (von radial nach ulnar): Ein **Kahn** fuhr im **Mond**enschein **dreieckig** ums **Erbsen**bein ...
- Distale Reihe (von radial nach ulnar): ... Vieleck **groß**, Vieleck **klein**, der **Kopf** muss am **Haken** sein.

Achtung: Nicht im oder entgegen dem Uhrzeigersinn denken, sondern so wie oben beschrieben.

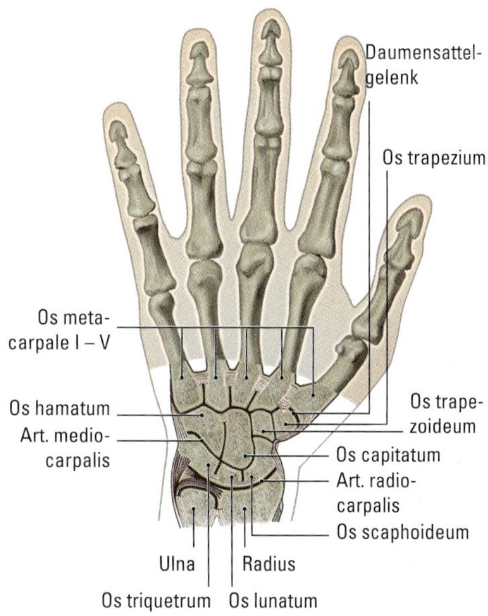

Abb. 12: Handgelenke (s. a. IMPP-Bild 5, S. 82)

medi-learn.de/ana5-12

Articulatio carpometacarpalis (Daumensattelgelenk)

Das Daumensattelgelenk ist die Verbindung zwischen Os trapezium und dem ersten Mittelhandknochen; die Gelenkflächen sind wie Sattel geformt. Es hat zwei Freiheitsgrade und daher vier Bewegungsmöglichkeiten: Flexion,

Extension, Adduktion und Abduktion. Zusätzlich gibt es noch als Besonderheiten die beiden Kombinationsbewegungen Opposition und Reposition:
- Bei der Opposition wird der Daumen zum kleinen Finger hingeführt; das ist eine Kombination aus Adduktion und Flexion.
- Bei der Reposition wird der Daumen zurückgeführt; das ist folglich eine Kombination aus Abduktion und Extension.

Übrigens ...
Du solltest niemals den Kardinalfehler machen und das Daumensattelgelenk mit dem Daumengrundgelenk verwechseln, das „den Anfang" des Daumens bildet (s. Abb. 13).

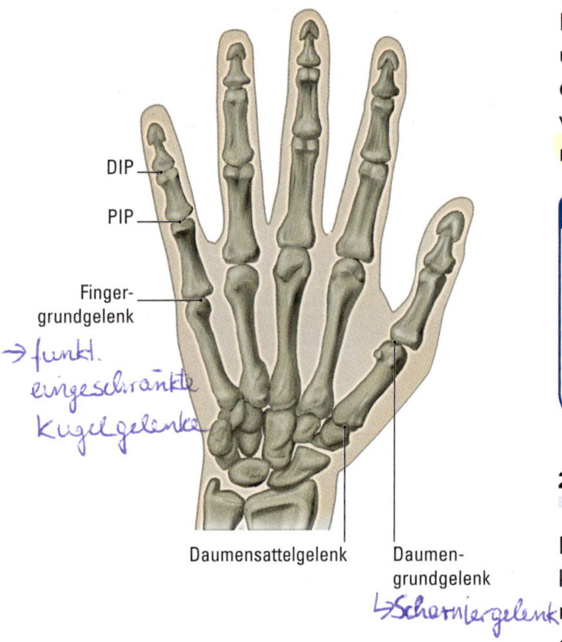

Abb. 13: Fingergelenke *medi-learn.de/ana5-13*

Articulationes carpometacarpales II–V

Das sind die Verbindungen der distalen Handwurzelknochen mit den Mittelhandknochen. Im Gegensatz zum Daumensattelgelenk handelt es sich dabei um Kugelgelenke mit eingeschränkter Funktion, die so gut wie nie gefragt werden.

Articulationes metacarpophalangeales (Fingergrundgelenke)

Das sind die Verbindungen der Mittelhandknochen mit den Fingern („der Anfang" der Finger). Das **Daumengrundgelenk** (nicht mit dem Daumensattelgelenk verwechseln!) ist ein Scharniergelenk (Flexion und Extension), die übrigen vier sind durch Kollateralbänder funktionell eingeschränkte Kugelgelenke. Diese Kollateralbänder sind bei Flexion der Grundgelenke angespannt.

Interphalangealgelenke

Das sind die Gelenke zwischen den einzelnen Fingerknochen. Im Daumen haben wir (wie du unschwer an dir selbst erkennen kannst) nur eines, an den übrigen Fingern gibt´s zwei davon. Alle sind Scharniergelenke, können also nur Flexion und Extension durchführen.

Merke!

„PIP" steht hier für proximales Interphalangealgelenk und das zwischen dem ersten und zweiten Fingerknochen liegende **„DIP"** für distales Interphalangealgelenk.

2.2 Muskeln

Für eine effiziente Vorbereitung auf das Physikum ist es nicht sinnvoll, alle Muskeln der oberen Extremität mit Ursprung, Ansatz, Innervation und Funktion perfekt zu können. Man sollte sich vielmehr die Wichtigen herauspicken und verstehen. Dies ist bei der hier vorgestellten Auswahl berücksichtigt.
Und noch eine Erleichterung: Besonders am Arm bietet es sich an, die Muskeln in Muskelgruppen zusammenzupacken, die alle innerhalb einer Loge liegen und daher in der Regel

auch von ein und demselben Gefäß wie auch Nerven versorgt werden.
Kleiner Tipp: Besorg dir ein Gummiband und ein Skelett, halte das Gummiband so, wie ein Muskel verläuft und stell dir dann vor, was passieren würde, wenn sich das Band zusammenzieht. Auf diese Weise lernst du die Muskeln recht einfach und bekommst eine Vorstellung der Bewegung im dreidimensionalen Raum.

2.2.1 Schultermuskulatur

Die Schultermuskulatur unterteilt sich in diejenige vom Rumpf zum Schultergürtel, die vom Rumpf zum Humerus und vom Schultergürtel zum Humerus.

Übrigens ...
Der M. trapezius ist eigentlich ein Kopfmuskel, der irgendwann „ausgewandert" ist, seine Innervation vom XI. Hirnnerven (N. accessorius) jedoch mitgenommen hat.

Muskel	Ursprung	Ansatz	Innervation	Funktion
M. serratus anterior	1.–9. Rippe	Margo medialis scapulae, Verlauf zwischen Rippen und Scapula	N. thoracicus longus	– dreht Scapula nach lateral und ermöglicht dadurch Elevation – fixiert Scapula am Rumpf; Ausfall führt zu **Scapula alata** (s. IMPP-Bild 3, S. 81)
M. trapezius	– Hinterhaupt – Dornfortsätze HWS und BWS	in drei Anteilen: – lat. Clavicula – Acromion – Spina scapulae	N. accessorius	Pars descendens: – zieht Scapula nach kranial-medial und ermöglicht so die Elevation Pars transversa: – zieht Scapula nach medial Pars ascendens: – zieht Scapula nach kaudal-medial

Tab. 10: Überblick Verbindungen vom Rumpf zum Schultergürtel

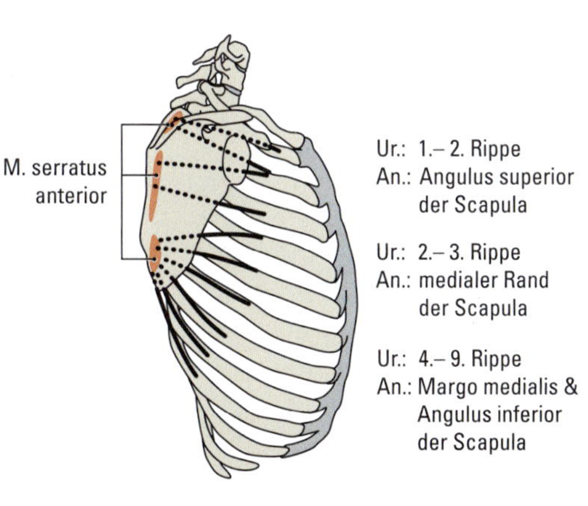

Abb. 14: M. serratus anterior *medi-learn.de/ana5-14*

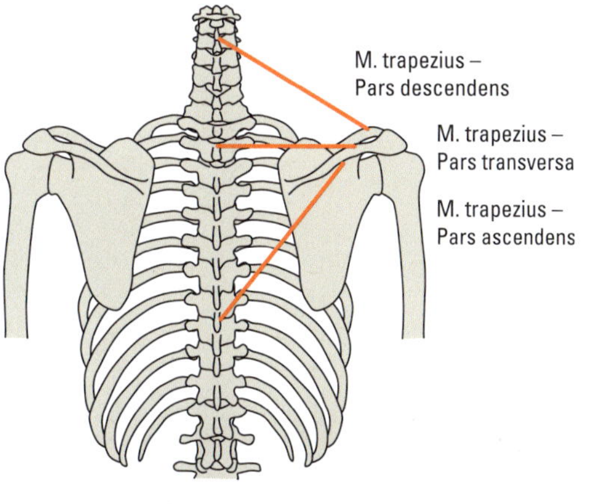

Abb. 15: M. trapezius *medi-learn.de/ana5-15*

Muskel	Ursprung	Ansatz	Innervation	Funktion
M. pectoralis major	– Rippenknorpel – Clavicula – Sternum – Rektusscheide (Lamina anterior)	Crista tuberculi majoris humeri	N. pectoralis med. und lat.	– Adduktion – Innenrotation – Anteversion bei abduziertem Arm – Inspiration bei aufgestützten Armen (Kutschersitz)
M. pectoralis minor	2.–5. Rippe	Proc. coracoideus (also NICHT am Oberarm)	N. pectoralis med. und lat.	– zieht Scapula nach vorne unten
M. latissimus dorsi	– Dornfortsätze untere BWS (7.–12. BWK) – Crista iliaca – Fascia thoracolumbalis – unterer Scapulawinkel	Crista tuberculi minoris humeri (zieht durch die Achsel)	N. thoracodorsalis	– Adduktion – Innenrotation – Retroversion („Hinternabputzer"- oder „Fracktaschenmuskel")

Tab. 11: Überblick Verbindungen vom Rumpf zum Humerus

Merke!

Der M. latissimus dorsi hat – wie auch der ihn innervierende Nervus thoracodorsalis – die Vokabel „dorsal" im Namen!

Der M. deltoideus kann je nach Stellung des Arms und gerade innerviertem Anteil alle Funktionen im Schultergelenk ausüben; so macht er über 60° die Abduktion, darunter die Adduktion; der ventrale Teil sorgt für Anteversion und Innenrotation, der dorsale für Retroversion und Außenrotation.

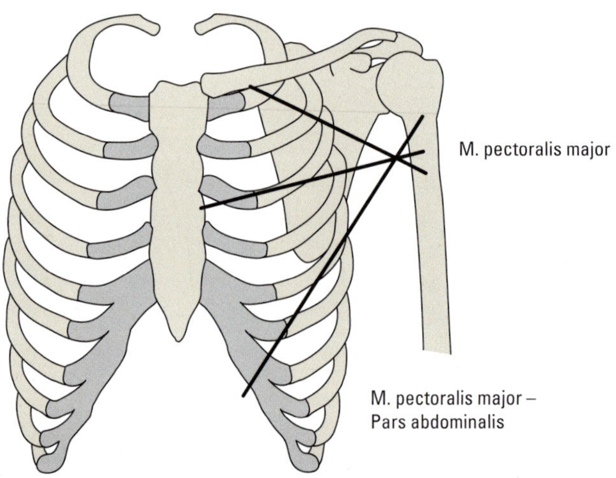

Abb. 16: M. pectoralis major

medi-learn.de/ana5-16

Muskel	Ursprung	Ansatz	Innervation	Funktion
M. infraspinatus	Fossa infraspinata der Scapula	Tuberculum majus humeri	N. suprascapularis	– Abduktion – Außenrotation (stärkster Außenrotator M. infraspinatus) – Kapselspanner
M. supraspinatus	Fossa supraspinata der Scapula			
M. teres major	Margo lat. an der Scapula UNTEN	Tuberculum minus humeri (zieht durch die Achsel)	– N. thoracodorsalis und/oder – N. subscapularis	– Adduktion – Innenrotation
M. teres minor	Margo lat. an der Scapula OBEN	Tuberculum majus humeri (zieht hinten außen am Arm herum)	N. axillaris	– Adduktion – Außenrotation
M. subscapularis	Ventrale Fläche der Scapula	Tuberculum minus humeri (zieht durch die Achsel)	N. subscapularis	– Adduktion – Innenrotation (stärkster Innenrotator)
M. deltoideus	in drei Anteilen: – Clavicula – Acromion – Spina scapulae	Tuberositas deltoidea humeri	N. axillaris	tolle Sache: der kann theoretisch alle Funktionen an der Schulter

Tab. 12: Überblick Verbindungen vom Schultergürtel zum Oberarm (s. a. IMPP-Bild 4 im Anhang S. 82)

Wichtig: Beim „Impingement-Syndrom" wird bei der Abduktion ab 90° der M. supraspinatus zwischen Acromion und Tuberculum majus eingeklemmt.

Merke!

Der Begriff **Rotatorenmanschette** stammt aus der Orthopädie. Darunter versteht man vier Muskeln, die die Gelenkkapsel trichterförmig verstärken:
- M. supraspinatus
- M. infraspinatus
- M. teres minor
- M. subscapularis.

Übrigens ...
Die Zusammensetzung der Rotatorenmanschette ist sicherlich die am häufigsten gestellte Frage im schriftlichen Examen. Egal in welcher Form die Frage auftritt, es geht immer darum, welcher der beiden Teres-Muskeln dazu gehört: Es ist der M. teres MINOR.

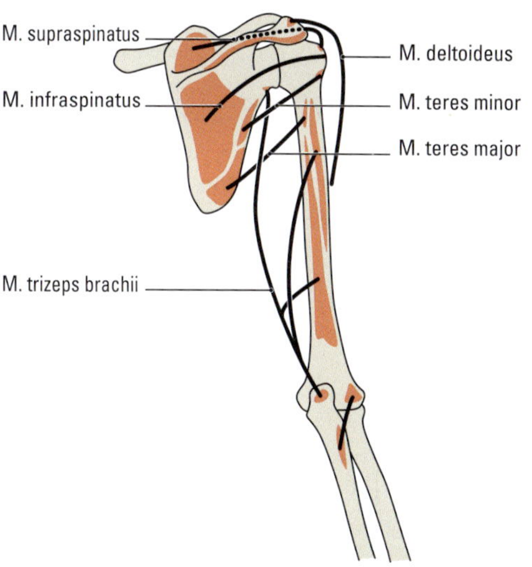

Abb. 17: Verbindungen vom Schultergürtel zum Oberarm und Rotatorenmanschette

medi-learn.de/ana5-17

2.2.2 Oberarmmuskulatur

Es gibt zwei Muskellogen am Oberarm: Ventrale Flexoren und dorsale Extensoren. Aber Vorsicht: Ein Muskel gehört zu den Flexoren, weil er in der entsprechenden Loge liegt. Er muss dafür nicht unbedingt eine Flexion im Ellenbogen machen.

	Muskel	Ursprung	Ansatz	Innervation	Funktion
Flexoren-Loge	M. coracobrachialis	Processus coracoideus	ventraler Humerus		– Adduktion – Innenrotation
	M. brachialis	ventraler Humerus	ventrale Ulna		– stärkster Flexor des Ellenbogengelenks (liegt unterhalb des M. biceps brachii)
	M. biceps brachii	Caput longum: – Tuberculum supraglenoidale scapulae Caput breve: – Processus coracoideus	Tuberositas radii	N. musculocutaneus → A. brachialis	im Ellenbogen: – stärkster Supinator bei gebeugtem Arm – Flexion in der Schulter: – Caput breve: Adduktion – Caput longum: Abduktion
Extensoren-Loge	M. triceps brachii	Caput longum: – Tuberculum infraglenoidale scapulae Caput mediale: – medialer Humerus Caput laterale: – lateraler Humerus	Olecranon	N. radialis → A. profunda brachii	im Ellenbogen: – Extension im Schultergelenk: – Adduktion – Retroversion – Innenrotation

Tab. 13: Überblick über die Flexoren- und Extensoren-Loge des Oberarms

2.2.3 Unterarmmuskulatur

Wie der Oberarm, so hat auch der Unterarm zwei Muskellogen: ventrale Flexoren und dorsale Extensoren. Die Unterarmmuskeln sind kompliziert und schwer zu lernen, aber mit den hier aufgeführten Tipps kannst du dir die Sache sehr erleichtern:
Wenn ein Muskel z. B. Flexor carpi heißt, beugt er die Hand, heißt er Flexor digitorum, läuft er über das Handgelenk und beugt neben den Fingern auch das Handgelenk.

Flexoren	Ursprung: am Epicondylus medialis humeri und/oder am ventralen Unterarm
Extensoren	Ursprung: am Epicondylus lateralis humeri und/oder am dorsalen Unterarm
Innervation	Flexoren: N. medianus Extensoren: N. radialis
Funktion	durch den Namen charakterisiert

Tab. 14: Übersicht Unterarmmuskeln

Weil das so gar zu einfach wäre, hier die typischen (gern gefragten) Ausnahmen:

M. flexor carpi ulnaris	liegt in der Flexorenloge: obwohl ein Flexor, wird er durch den N. ulnaris innerviert
M. flexor digitorum profundus	liegt in der Flexorenloge: Doppelinnervation: radialer Anteil durch N. medianus, ulnarer Anteil durch N. ulnaris
M. brachioradialis	liegt in der Extensorenloge: Innervation durch N. radialis; Ursprung: Crista supracondylaris lateralis humeri, Ansatz: Processus styloideus radii; seine Funktion ist aber die Flexion im Ellenbogen; daneben sowohl Supi – als auch Pronation (je nach Stellung)
M. pronator teres	liegt in der Flexorenloge: Innervation durch N. medianus; Ursprung: Epicondylus med. humeri und ventrale Ulna, Ansatz: lateraler und dorsaler Radius; Funktion: Pronation, Flexion im Ellenbogen
M. supinator	liegt in der Extensorenloge: Innervation durch N. radialis; Ursprung: Epicondylus lateralis humeri, Ansatz: Vorder- und Seitenfläche Radius; Funktion: Supination

Tab. 15: Besonderheiten Unterarmmuskulatur

Noch ein wichtiger Punkt ist der Verlauf der Sehnen der beiden Fingerbeuger M. flexor digitorum profundus und M. flexor digitorum superficialis.
Der oberflächliche Fingerbeuger setzt an den Mittelphalangen der Finger an, der tiefe an den Endphalangen. Damit die Beugung funktioniert, spalten sich die Sehnen des oberflächlichen auf und die Sehnen des tiefen Fingerbeugers laufen durch sie hindurch zu den Endgliedern.

2.2.4 Handmuskulatur

Es gibt einige Handmuskeln, von denen besonders die Innervation gerne gefragt wird (s. Tab. 16).
Zum M. adductor pollicis solltest du dir außerdem den Ursprung und Ansatz merken:
- Ursprung seines Caput transversum ist das Os metacarpale III,
- Ursprung seines Caput obliquum das Os metacarpale II, Os capitatum und Os hamatum.
- Ansatz ist die Grundphalanx des Daumens.

Muskel	Innervation	Funktion
Daumenballenmuskeln (thenare Gruppe)		
M. abductor pollicis brevis	N. medianus	Abduktion
M. opponens pollicis	N. medianus	Opposition
M. adductor pollicis	N. ulnaris	– Adduktion – Opposition
Hohlhandmuskeln		
Mm. lumbricales I + II	N. medianus	– Flexion im Grundgelenk – Extension in DIP und PIP
Mm. lumbricales III + IV	N. ulnaris	– Flexion im Grundgelenk – Extension in DIP und PIP
Mm. interossei palmares	N. ulnaris	– Flexion im Grundgelenk – Extension in DIP und PIP
Mm. interossei dorsales	N. ulnaris	– Flexion im Grundgelenk – Extension in DIP und PIP
Kleinfingerballenmuskeln		
M. abductor digiti minimi	N. ulnaris	– Abduktion – Flexion – Opposition
M. flexor digiti minimi brevis	N. ulnaris	– Abduktion – Flexion – Opposition
M. oppneus digiti minimi	N. ulnaris	– Abduktion – Flexion – Opposition

Tab. 16: Handmuskeln

2

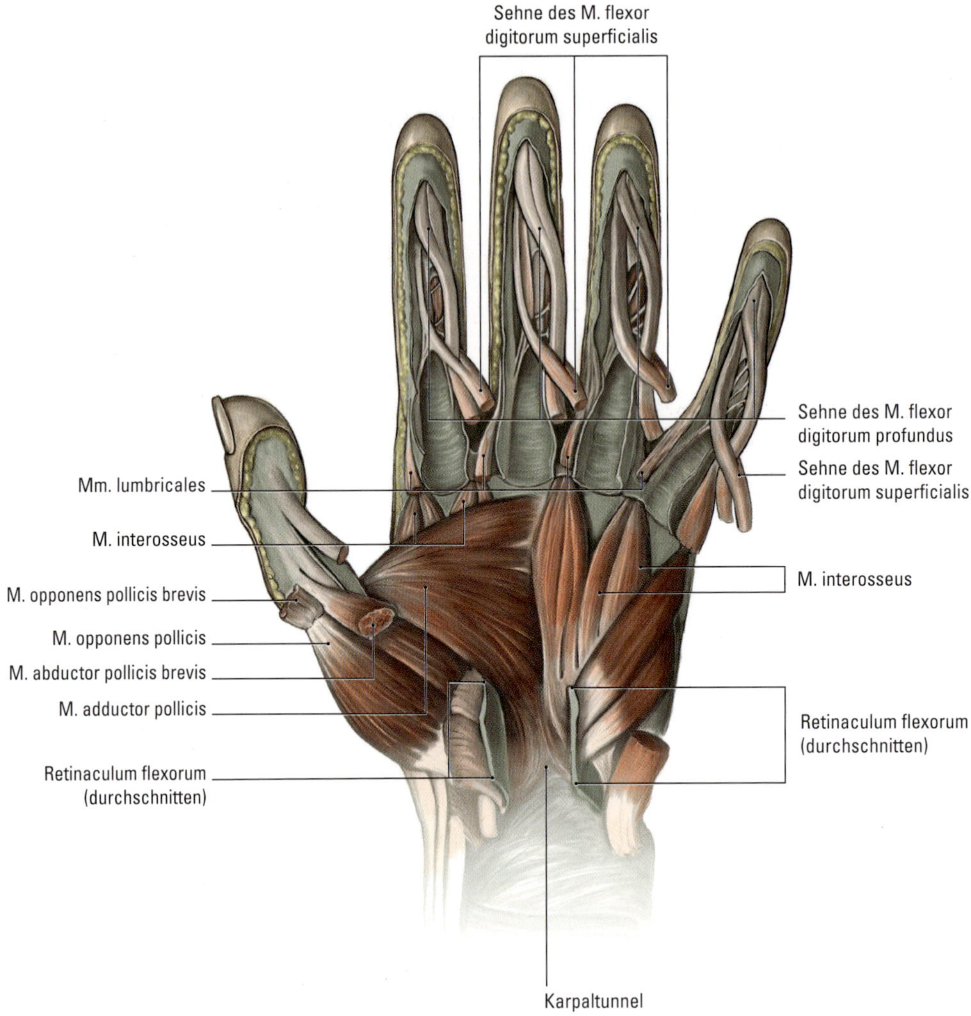

Abb. 18: Handgelenk palmar

medi-learn.de/ana5-18

2.3 Leitungsbahnen obere Extremität

Die Leitungsbahnen – also Nerven und Gefäße – der oberen Extremität sind in ihrem Verlauf und ihrem Ursprung recht kompliziert. Allerdings kannst du dir durch einfache Tricks und das „Herauspicken“ der wichtigen Strukturen das Lernen sehr vereinfachen. Aber sieh selbst ...

2.3.1 Arterien und Venen

Diese Abbildungen zeigen die wichtigsten Armarterien:

Arteria subclavia

- Aus der A. subclavia wird die A. brachialis.
- Die A. subclavia verläuft durch die **Scalenuslücke** (hinter dem M. scalenus anterior).

Arteria brachialis

Die A. brachialis versorgt die Flexoren des Oberarms. Aus ihr kommen die

- A. collateralis ulnaris superior et inferior, die in das Rete articulare cubiti münden und weiter in die A. ulnaris fließen;
- **A. profunda brachii,**
  - die in der **Extensorenloge** verläuft und die dortigen Muskeln versorgt.
  - die als A. collateralis radialis über die A. recurrens radialis in die A. radialis mündet.

Die A. brachialis teilt sich in die
- A. radialis, die an der Hand den Arcus palmaris profundus bildet. Der wiederum liegt unter den langen Flexorsehnen auf den Ossa metacarpalia und speist den Daumen.
- A. ulnaris, die den Arcus palmaris superficialis bildet. Der liegt zwischen der Palmaraponeurose und den langen Flexorsehnen.

Die Venen heißen und verlaufen wie die Arterien, allerdings sind sie meist paarig angelegt. Eine Ausnahme ist die **V. subclavia**. Sie läuft **vor** dem **M. scalenus ant.** und damit nicht durch die Scalenuslücke (s. Abb. 21, S. 24), während die A. subclavia durch die Scalenuslücke zieht.

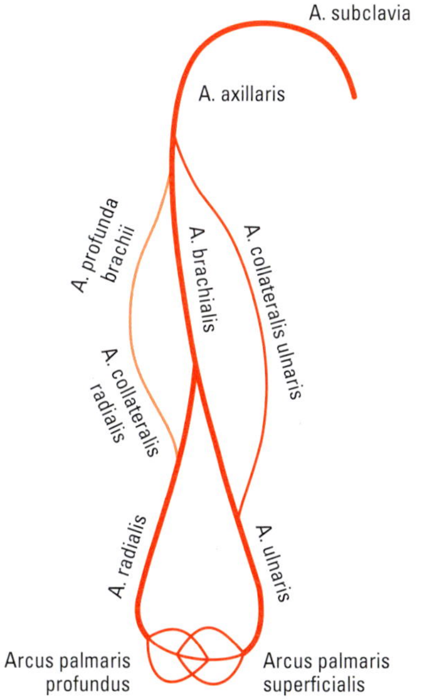

Abb. 19: Armarterien schematisch

medi-learn.de/ana5-19

Zu den oberflächlichen (epifaszialen) Venen solltest du dir merken, dass es davon zwei am Arm gibt:
- Die längere V. cephalica, die in die V. axillaris mündet und radial verläuft, und
- die kürzere V. basilica, die in die V. brachialis mündet und ulnarseitig entlang zieht.

Im klinischen Alltag werden an den oberen Extremitäten folgende Pulse getastet:
- A. axillaris (sehr gut)
- A. brachialis (gut)
- A. radialis (sehr gut)
- A. ulnaris (schwer).

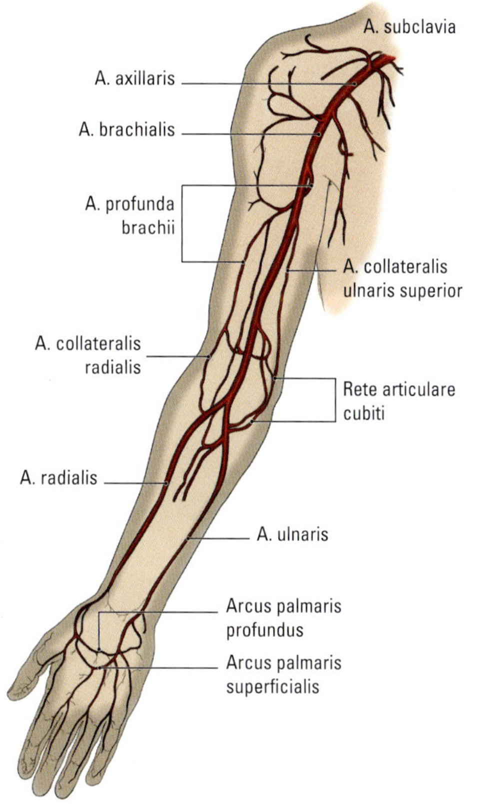

Abb. 20: Armarterien

medi-learn.de/ana5-20

2.3.2 Nerven

Die Nerven der oberen Extremität entstammen alle dem Plexus brachialis, der wiederum aus den ventralen Ästen der Spinalnerven C5 bis Th1 gebildet wird (s. Abb. 21, S. 24). Er hat einen komplizierten Aufbau, der in verschiedenen Lehrbüchern zudem unterschiedlich beschrieben wird. Dennoch solltest du die wichtigsten vier Nerven aus dem Plexus brachialis von ihrem Ursprung bis zu den Erfolgsorganen auswendig kennen. Diese vier sind:

- N. radialis,
- N. ulnaris,
- N. medianus,
- N. musculocutaneus.

Alle anderen wurden im schriftlichen Physikum noch nie und an den meisten Unis im Mündlichen nur äußerst selten gefragt.

Plexus brachialis

Der Plexus brachialis entsteht aus den ventralen Ästen der Spinalnerven **C5 bis Th1**. Diese bilden drei Trunci:

- Truncus superior,
- Truncus medius,
- Truncus inferior.

Diese Trunci bilden drei Fasciculi:

[auf Höhe des Schlüsselbeins]

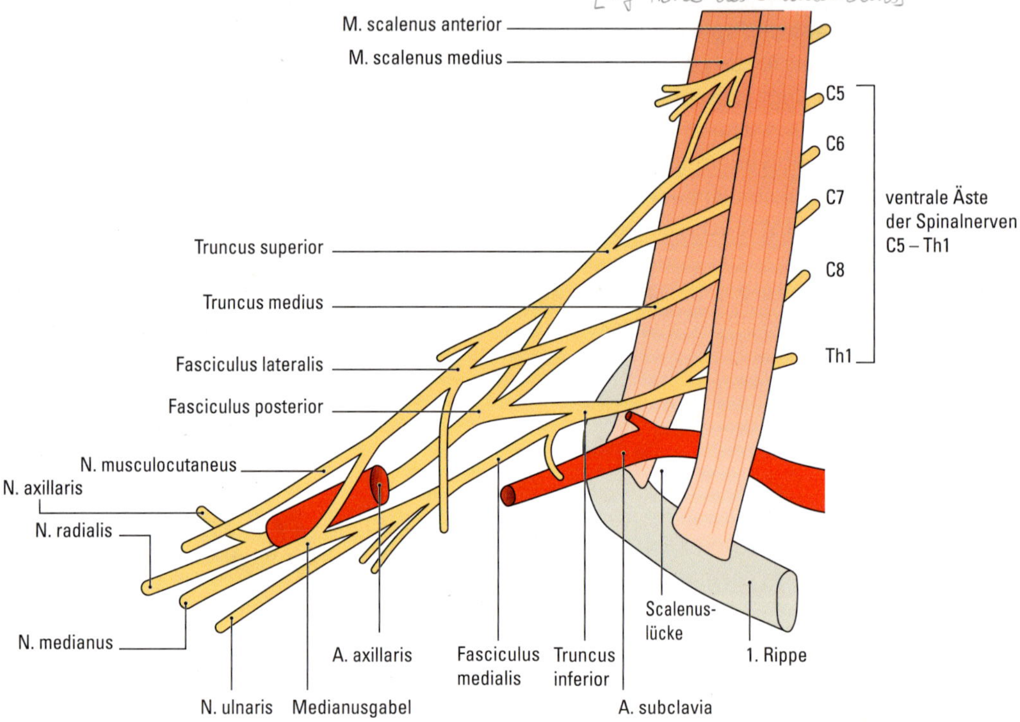

Abb. 21: Plexus brachialis 1 *medi-learn.de/ana5-21*

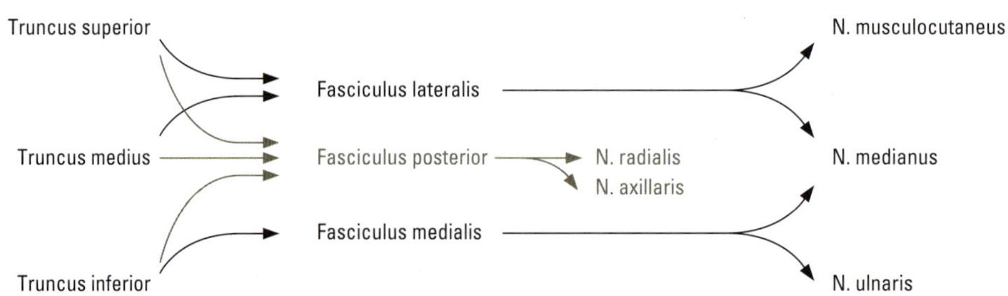

Abb. 22: Plexus brachialis 2 *medi-learn.de/ana5-22*

- Fasciculus lateralis,
- Fasciculus medialis,
- Fasciculus posterior.

Und diese schließlich bilden die Nerven, die den Arm versorgen. Die Abbildungen 21 und 22 stellen vereinfacht dar, wer hier was bildet.

Zur Topografie der Nerven:

- Der N. medianus verläuft zusammen mit der A. brachialis im Oberarm. → Flexoren
- Der N. ulnaris verläuft zusammen mit der A. ulnaris im Unterarm. → Extensoren
- Der N. radialis verläuft zusammen mit der A. profunda brachii dorsal am Humerus.

Zu den motorischen Ausfällen:

- N. medianus: **Schwurhand** beim Versuch, die Faust zu schließen.
- N. ulnaris: **Krallenhand** beim Versuch, die Faust zu schließen.
- N. radialis: **Fallhand** beim Versuch einer Dorsal-Extension.

Da die motorischen Handfunktionen auch von dem Unterarmmuskeln gewährleitstet werden kommen diese Ausfälle bei Schädigungen proxmial des Unterarms vor.

Merke!

Der Merkspruch dazu lautet:
Ich **schwöre** beim heiligen **Medianus**, dass ich mir die **Ulna kralle**, wenn ich vom **Rad falle**.

Sensible Innervation der Hand

Das untere Bild erklärt sich von selbst. Wichtig ist, dass der N. medianus die ersten dreieinhalb Finger von palmar und die Endglieder der gleichen Finger auch von dorsal sensibel innerviert.

2.4 Topografie der oberen Extremität

Im schriftlichen Examen werden immer wieder dieselben Fragen über die Topografie der oberen Extremität gestellt. Daher ist es ausreichend, sich diese speziellen Punkte anzuschauen. Meistens werden die Durchtritte gefragt, daneben kommen auch Bildfragen, besonders zum Canalis carpi. Da prüfungsrelevant, solltest du dir folgende markante Nervenverläufe einprägen:

N. medianus:

- Am Oberarm verläuft er zusammen mit der A. brachialis im Sulcus bicipitalis medialis, auf der Beugeseite des Ellenbogens liegt er direkt unter der Aponeurosis musculi bicipitis brachii, dann zieht er am Unterarm zwischen den Köpfen des M. pronator teres nach distal und schließlich zwischen dem M. flexor digitorum superficialis und dem M. flexor digitorum profundus unter dem Retinaculum flexorum durch den Karpaltunnel. Dort liegt er oberflächlich zwischen den Sehnen des M. palmaris longus und M. flexor carpi radialis.

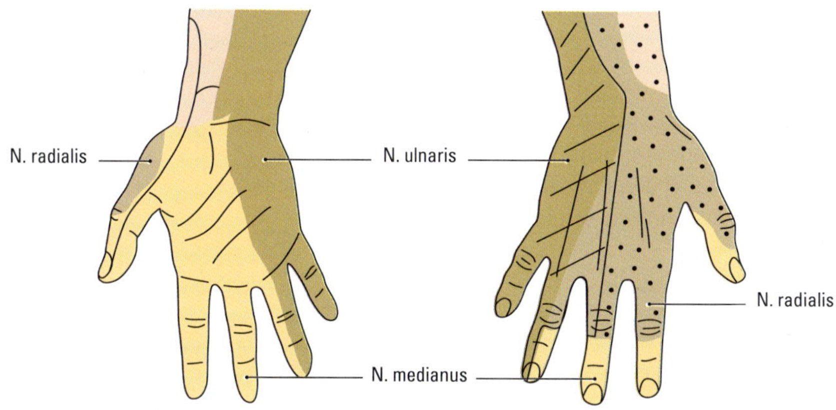

Abb. 23: Sensible Innervation der Hand

medi-learn.de/ana5-23

N. ulnaris:

- Er zieht medial am Oberarm hinab, um sich im Sulcus nervi ulnaris dorsalseitig (ugs. = Musikantenknochen) um das Ellenbogengelenk zu legen. Dann zieht er weiter auf die Vorderseite des Unterarms zwischen den Köpfen des M. flexor carpi ulnaris hindurch und zusammmen mit der A. ulnaris nach distal, wo er durch die Guyon-Loge palmar in die Hand übertritt. In der Guyon-Loge kann es zur Kompression des N. ulnaris und damit zur Schwächung des M. adductor pollicis kommen. Achtung: Bitte die Guyon-Loge NICHT mit der Tabatière (s. S. 28) verwechseln.

N. radialis:

- In der Achselhöhle verläuft er mit der A. axillaris, dann am dorsalen Oberarm (wo er bei Oberarmbrüchen gefährdet ist) mit der A. profunda brachii nach distal. Am Ellenbogen zieht er auf die Beugerseite (nach ventral) und zwischen dem M. brachioradialis und dem M. brachialis hindurch.

N. axillaris:

- Er zieht durch die laterale Achsellücke und unter dem M. deltoideus entlang um das Collum chirurgicum humeri auf die dorsale Oberarmseite. Bei einer Schulterluxation läuft er daher Gefahr, geschädigt zu werden, was zu einem Ausfall des M. deltoideus führen kann.

Scalenuslücke

Der M. scalenus anterior und der M. scalenus medius bilden die Scalenuslücke, durch die der Plexus brachialis und die A. subclavia ziehen (s. Abb. 21, S. 24). Achtung: Die V. subclavia zieht NICHT durch die Scalenuslücke, sondern vor dem M. scalenus anterior entlang.

2.4.1 Achsellücken

Es gibt zwei Achsellücken, die laterale und die mediale:

Laterale Achsellücke	Begrenzungen	Durchtritt
viereckig	lateral: – Humerus medial: – lange Trizepssehne kranial: – M. teres minor kaudal: – M. teres major	– N. axillaris – A. und V. circumflexa humeri posterior
Mediale Achsellücke	**Begrenzungen**	**Durchtritt**
dreieckig	kaudal: – M. teres major kranial: – M. teres minor lateral: – lange Trizepssehne	A. circumflexa scapulae

Tab. 17: Achsellücken

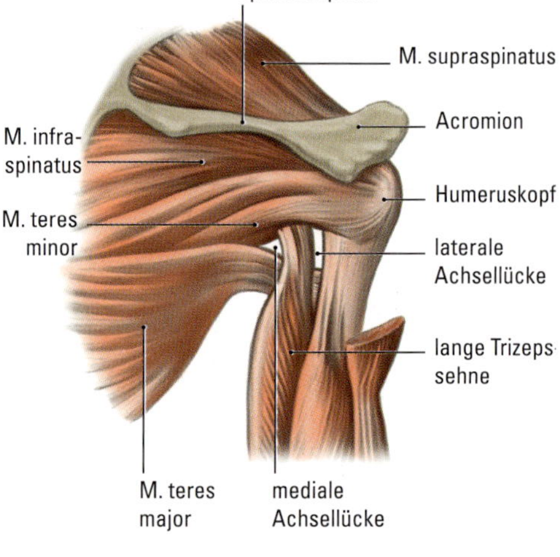

Abb. 24: Achsellücken *medi-learn.de/ana5-24*

2.4.2 Canalis carpi (Karpaltunnel)

Der Karpaltunnel wird aufgrund des **Karpaltunnelsyndroms** sehr oft gefragt. Beim Karpaltunnelsyndrom wird der **N. medianus** im Karpaltunnel eingeengt. Dadurch kann er seine distal des Karpaltunnels liegenden sensiblen und motorischen Funktionen einbüßen. Die Klinik besteht dann aus nächtlichen Schmerzen oder **Parästhesien** (Missempfindungen) der Beugeseiten der ersten drei Finger und **Paresen** der vom N. medianus innervierten Muskulatur der Hand (M. abductor pollicis brevis und M. opponens pollicis), wodurch es zu einer **Daumenballenatrophie** kommt.

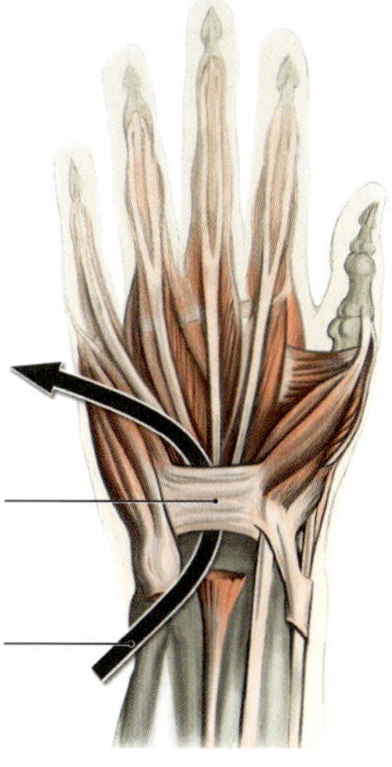

Abb. 25: Karpaltunnel 1 *medi-learn.de/ana5-25*

Begrenzung	Durchtritt
Handwurzelknochen, Retinaculum flexorum	Sehnen der langen Fingerbeuger, N. medianus

Tab. 18: Karpaltunnel

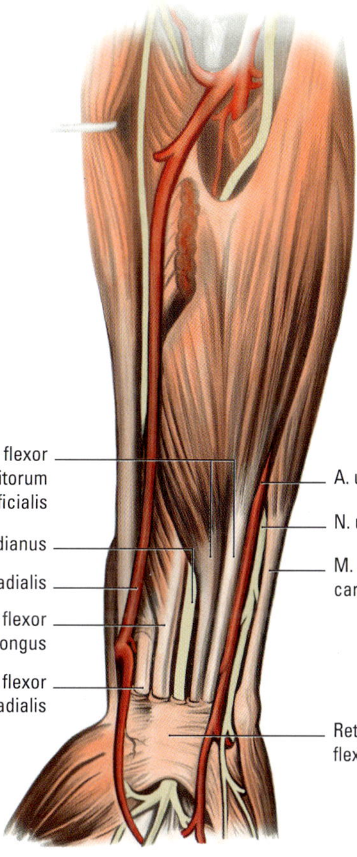

Abb. 26: Karpaltunnel 2

medi-learn.de/ana5-26

2

2.4.3 Tabatière (Fovea radialis)

Die Tabatière wird
- handrückenwärts von der Sehne des M. extensor pollicis longus,
- palmar von den Sehnen des M. extensor pollicis brevis und M. abductor pollicis longus begrenzt (s. Abb. 27).

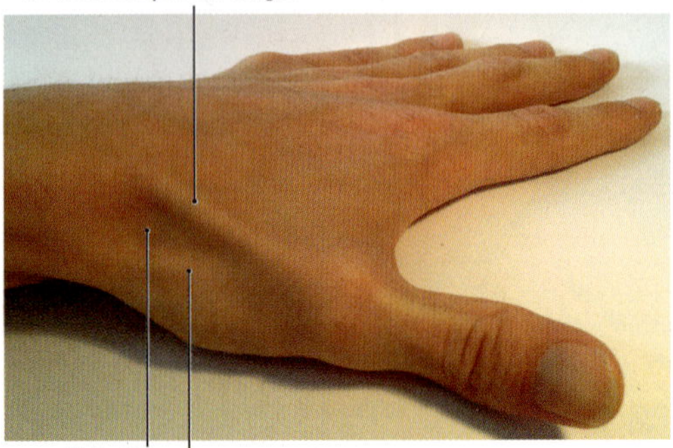

Abb. 27: Tabatière *medi-learn.de/ana5-27*

2.4.4 Leitmuskeln

Verläuft ein Nerv durch einen Muskel hindurch, so wird dieser Muskel als Leitmuskel bezeichnet. Bisher gab es noch kein einziges Physikum, in dem dieses Wissen nicht geprüft wurde. Daher Gehirnspeicher weit geöffnet und los geht`s:

Leitmuskel	Nerv, der den Muskel durchbohrt
M. coracobrachialis	N. musculocutaneus
M. pronator teres	N. medianus
M. supinator	N. radialis
M. flexor carpi ulnaris	N. ulnaris

Tab. 19: Leitmuskeln

2.4.5 Sehnenscheiden in der Hand

Dieses Thema ist unbeliebt und kompliziert, da es sechs dorsal-karpale, drei palmar-karpale und fünf palmar-digitale Sehnenscheiden gibt. Prüfungsrelevant ist folgende Information: Über den Karpaltunnel kommunizieren die Sehnenscheiden des 5. und 1. Fingers auf der Beugeseite. Dadurch kann eine Entzündung einer dieser beiden Sehnenscheiden auf die andere übergreifen, wodurch eine **V-Phlegmone** entsteht.

DAS BRINGT PUNKTE

Gerade das **Schulter- und das Ellenbogengelenk** werden im schriftlichen Physikum gerne gefragt. Machst du dir klar, dass beide in je vier Gelenke eingeteilt werden können, die zusammen funktionelle Einheiten bilden, wird das Lernen sehr viel einfacher.

Schultergelenk:

- Drei echte Gelenke (Art. sternoclaviculare, acromioclaviculare und Art. humeri) und die thorakoscapulare Gleitschicht bilden eine funktionelle Einheit;
- Elevation (Abd > 90°) durch Gleitschicht möglich.

Typische Besonderheiten der Articulatio humeri:

- Verlauf der langen Bizepssehne (intraartikulär durch die Schultergelenkkapsel),
- Recessus axillaris.

Namen der Bewegungen unterscheiden sich etwas vom Standard:

- Ante- und Retroversion entsprechen Flexion und Extension.

Ellenbogengelenk:

- Vier Gelenke bilden eine funktionelle Einheit:
  - Art. humeroradialis, Art. humeroulnaris, Art. radioulnaris proximalis und Art. radioulnaris distalis.
- Drei davon in gemeinsamer Kapsel:
  - Art. humeroradialis, Art. humeroulnaris, Art. radioulnaris proximalis.
- Jedem Gelenk kann eine spezielle Funktion zugeordnet werden:
  - Art. humeroradialis = keine eigtl. Funktion
  - Art. humeroulnaris = Flexion/ Extension
  - Art. radioulnaris proximalis und distalis zusammen = Pronation/Supination.
- Ligamentum anulare mit seinem Verlauf (s. Tab. 8, S. 14):
  - Ursprung an ventraler Ulna, umgibt Radius, Ansatz an dorsaler Ulna.
- Ligamentum collaterale radiale mit Ansatz am Ligamentum anulare.

Handgelenke:

- Proximales Handgelenk ist ein Eigelenk mit zwei Freiheitsgraden.
- Bei Bewegungen immer die Richtung mitsagen (in mündlichen Prüfungen, um Verwechslungen zu vermeiden).
- Proximales Handgelenk wird aus Radius und Handwurzelknochen sowie einem Discus articularis gebildet, **die Ulna hat NICHTS mit dem proximalen Handgelenk zu tun.**
- Der Discus articularis bildet einen Teil der Gelenkpfanne.

Fingergelenke:

- Daumensattelgelenk mit seinen Funktionen und seiner Lage (s. Abb. 12, S. 15):
  - Funktionen: Flexion/Extension sowie Adduktion/Abduktion.
  - Das Daumensattelgelenk darf NICHT mit dem Daumengrundgelenk verwechselt werden, welches den Anfang des Daumens, also die Verbindung zur Hand bildet.

Achtung: Opposition und Reposition sind Kombinationsbewegungen.

- Lage der Fingergrundgelenke, besonders des Daumens.
- DIP und PIP: Diese Abkürzungen haben zwischenzeitlich Einzug in die schriftliche Prüfung genommen:
  - PIP = proximales Interphalangealgelenk,
  - DIP = distales Interphalangealgelenk.

Sehr häufig gestellte Fragen über die Muskeln der oberen Extremität beziehen sich auf den **Schultergürtel**. Den M. serratus anterior solltest du ebenso wie den M. trapezius recht genau kennen. Beide können durch das Herausdrehen der Scapula die Elevation ermöglichen, der M. trapezius – als ausgewanderter Kopfmuskel – wird vom Nervus accessorius, dem elften Hirnnerven, innerviert.

- Elevation ermöglicht durch Herausdrehen der Scapula durch M. serratus anterior und M. trapezius.

Der **M. pectoralis major** wird als bedeutendster Atemhilfsmuskel ebenfalls gerne gefragt. Im so genannten „Kutschersitz" stützt sich der Mensch mit den Armen ab, die dadurch nicht mehr zu bewegen sind, sodass der M. pectoralis major seine gesamte Kraft für die Inspiration verwenden kann.

- M. pectoralis major ist der stärkste inspiratorische Atemhilfsmuskel.

Vom **M. latissimus dorsi** wird im Schriftlichen gerne die Innervation gefragt. Merkst du dir aber, dass sowohl der Muskel als auch seine Innervation (N. thoracodorsalis) den Begriff „dorsal" im Namen tragen, sollte jegliche Gefahr gebannt sein.

- M. latissimus dorsi innerviert durch N. thoracodorsalis.

Die **Rotatorenmanschette** wird fast in jedem Physikum gefragt. Daher zählen ihre Muskeln zu den wichtigsten Themen überhaupt.
Rotatorenmanschette =

- M. teres minor
- M. supraspinatus
- M. infraspinatus
- M. subscapularis.

Der M. teres major ist dagegen KEIN Bestandteil der Rotatorenmanschette.

Als berühmtesten Muskel solltest du den **M. biceps brachii** genau kennen. Wichtig ist, dass er seine meiste Kraft zur Supination aufbringt, er ist sogar der stärkste Supinator des Körpers überhaupt. Nur einen kleinen Teil seiner Kraft nutzt er für die Flexion. Eine häufige Bildfrage betrifft den Verlauf seiner langen Sehne durch das Schultergelenk. Im Gegensatz dazu kann der M. brachialis nur beugen, da er nicht am beweglichen Radius, sondern an der unbeweglichen Ulna ansetzt.

- M. biceps brachii:
  - stärkster Supinator bei gebeugtem Arm,
  - lange Sehne läuft durch das Schultergelenk,
  - Ansatz am Radius.
- M. brachialis:
  - stärkster Beuger im Ellenbogen,
  - Ansatz an der Ulna.

Bei den **Handmuskeln** wird regelmäßig nach der Innervation des M. abductor pollicis und des M. opponens pollicis gefragt (N. medianus). Im Gegensatz dazu wird der M. adductor pollicis vom N. ulnaris versorgt. Bildfragen gibt es zu den Handmuskeln kaum.

Die **Arterien des Arms** sind ein oft gefragtes Gebiet. Gerne wird die Frage nach der A. profunda brachii gestellt, die dorsal am Humerus verläuft. Auch die beiden Arcus palmares gehören zu den typischen Fragen im schriftlichen Physikum.

- A. profunda brachii läuft dorsal am Humerus.
- Arcus palmaris superficialis aus A. ulnaris.
- Arcus palmaris profundus aus A. radialis.

Die wichtigste und am häufigsten gestellte Frage bezieht sich auf den **Verlauf der V. subclavia**, die nicht wie ihre Begleitarterie zwischen dem M. scalenus anterior und medius hindurchzieht (Scalenuslücke), sondern vor dem M. scalenus anterior vorbeizieht.

- A. subclavia durch die Scalenuslücke.
- V. subclavia vor dem M. scalenus anterior.

Darüber hinaus ist der **Plexus brachialis** eines der Standardthemen. Sein Verlauf durch

DAS BRINGT PUNKTE

die Scalenuslücke und die Bildung des N. medianus, ulnaris, radialis und musculocutaneus wurden bislang in jedem Physikum gefragt.

- Siehe Abbildung 21 und 22, S. 24.

Im Rahmen eines Geburtstraumas kann es zu Verletzungen des Plexus brachialis kommen. Man unterscheidet eine obere (Erb-) von einer unteren (Klumpke-)Plexusläsion. Die obere Plexuslähmung betrifft die Segmente C5 und C6. Hierbei kommt es zur Parese (Lähmung) der Schultergürtel-, Oberarm- und Unterarmmuskeln, was die Hebung der Schulter sowie die Beugung des Ellenbogens unmöglich macht. Bei der unteren Plexusläsion sind die kleinen Handmuskeln und Fingerbeuger betroffen, wodurch sich z. B. die Faust nicht mehr schließen lässt.

Auch die **Topografie der oberen Extremität** gehört zu den typischen Themen des schriftlichen Physikums. Besonders gerne wird nach dem **Karpaltunnel** gefragt, weswegen du dir Abb. 25 und Abb. 26, S. 27 sehr genau anschauen solltest. Die am häufigsten gestellte Bildfrage bezieht sich nämlich auf diese Region.
Erkennen und benennen solltest du zudem die einzelnen Sehnen und Nerven der oberen Extremität:

- N. medianus durchläuft den Karpaltunnel.
- Die wichtigen Strukturen von radial nach ulnar sind am Querschnitt durch den Handwurzelbereich:
    - Arteria radialis
    - M. flexor carpi radialis
    - M. flexor pollicis longus
    - N. medianus
    - M. flexor digitorum superficialis und profundus (da gemeinsame Sehnenscheide)

    } durch Karpaltunnel (M. flexor carpi radialis bis M. flexor digitorum superficialis und profundus)

    - A. ulnaris
    - N. ulnaris

    } oberhalb des Retinaculum flexorum, in Guyon-Loge

Darüber hinaus solltest du fürs Schriftliche die **Leitmuskeln** beherrschen, denn es gab bisher noch kein Physikum, in dem nicht mindestens eine Frage zu diesem Thema gestellt wurde (s. Tab. 19, S. 28).

FÜRS MÜNDLICHE

Die im schriftlichen Physikum typischen Fragen zu den Gelenken der oberen Extremitäten tauchen häufig in der mündlichen Prüfung wieder auf und sollten daher sitzen. Besonders beliebt sind Fragen nach der langen Bizepssehne und ihrem Verlauf sowie nach den vier Gelenken des Ellenbogens und dem Ligamentum anulare. Typisch ist auch die Aufforderung, die Lage des Daumensattelgelenks zu zeigen und es vom Daumengrundgelenk zu differenzieren.

1. **Bitte nennen Sie die Besonderheiten der Schulter.**
2. **Erläutern Sie bitte, welche Gelenke den Ellenbogen bilden.**
3. **Erklären Sie bitte, wer das proximale Handgelenk bildet.**
4. **Bitte erläutern Sie, wer das Daumensattelgelenk bildet und welche Bewegungen hier möglich sind.**
5. **Nennen Sie bitte die Funktionen des M. pectoralis major.**
6. **Nennen Sie die Funktion der Rotatorenmanschette.**
7. **Erklären Sie bitte, wo der Ursprung des langen und kurzen Bizepskopfes liegt.**
8. **Bitte erklären Sie, wie der M. flexor digitorum profundus innerviert wird und was seine Besonderheiten sind.**
9. **Bitte erläutern Sie, wen der N. medianus an der Hand innerviert.**
10. **Nennen Sie die Funktion der Mm. lumbricales.**
11. **Bitte erklären Sie, wer die Oberarmextensoren versorgt.**
12. **Erläutern Sie bitte den Verlauf der V. subclavia.**
13. **Bitte erläutern Sie, welcher Fasciculus den N. radialis bildet.**
14. **Bitte erklären Sie, woraus der Plexus brachialis entsteht.**
15. **Bitte erklären Sie, durch welche Achsellücke der N. axillaris tritt. Welche Strukturen laufen noch hindurch?**
16. **Nennen Sie bitte die Struktur, die den N. medianus typischerweise einengen und damit stören kann.**
17. **Nennen Sie bitte den Muskel, welcher an der Bildung beider Achsellücken beteiligt ist.**
18. **Nennen Sie bitte den Leitmuskel des N. radialis und erklären Sie, was einen Leitmuskel ausmacht.**

---

1. Bitte nennen Sie die Besonderheiten der Schulter.

- Drei Gelenke und thorakoscapulare Gleitschicht,
- lange Bizepssehne läuft durchs Gelenk,
- Recessus axillaris.

2. Erläutern Sie bitte, welche Gelenke den Ellenbogen bilden.

- Art. humeroulnaris (Scharnier)
- Art. humeroradialis (eingeschränktes Kugelgelenk)
- Art. radioulnaris proximalis und distalis (Drehgelenk)

FÜRS MÜNDLICHE

3. Erklären Sie bitte, wer das proximale Handgelenk bildet.
Proximale Handwurzelknochen, Radius und Discus articularis.

4. Bitte erläutern Sie, wer das Daumensattelgelenk bildet und welche Bewegungen hier möglich sind.
Os trapezium und Os metacarpale I. Neben Flexion und Extension auch Abduktion und Adduktion sowie die Kombinationsbewegungen Opposition und Reposition.

Auch in der mündlichen Prüfung stehen Schulter und Oberarmmuskeln weit oben in der Beliebtheitsskala. Der Unterarm wird seltener gefragt, meist reicht dafür das Basiswissen (s. Tab. 14, S. 20) aus. Extrem selten sind Fragen zu den Handmuskeln. Sie werden oftmals nur gestellt, um die Sicherheit des Prüflings zu erforschen. Allerdings kannst du mit solchem Wissen Punkte sammeln. Wenn du auf diesem Gebiet also wirklich sicher bist (wichtig, sonst geht der Schuss nach hinten los), solltest du bei diesem komplizierten Thema zeigen, was du kannst.

5. Nennen Sie bitte die Funktionen des M. pectoralis major.
Anteversion, Innenrotation, Adduktion, stärkster Inspirator. Atemhilfsmuskel im Kutschersitz.

6. Nennen Sie die Funktion der Rotatorenmanschette.
Sicherung des Humerus im Schultergelenk.

7. Erklären Sie bitte, wo der Ursprung des langen und kurzen Bizepskopfes liegt.
Langer Kopf: Tuberculum supraglenoidale, kurzer Kopf: Processus coracoideus.

8. Bitte erklären Sie, wie der M. flexor digitorum profundus innerviert wird und was seine Besonderheiten sind.
Doppelinnervation durch N. medianus und N. ulnaris. Läuft durch eine Spaltung der Sehnen des oberflächlichen Fingerbeugers hindurch zu den Endphalangen.

9. Bitte erläutern Sie, wen der N. medianus an der Hand innerviert.
M. abductor pollicis brevis,
M. opponens pollicis.

10. Nennen Sie die Funktion der Mm. lumbricales.
Flexion in Grundgelenken, Extension in DIP und PIP.

Analog zum Schriftlichen werden sowohl Gefäße als auch Nerven oft gefragt. Du solltest dir als Orientierungspunkt die Medianusgabel nehmen und von dort aus die Nerven aufsuchen. Die Armgefäße sind nicht schwer zu finden und zu benennen. Auch im Mündlichen ist ein Hinweis auf den Verlauf der V. subclavia vor dem M. scalenus anterior immer angebracht.

11. Bitte erklären Sie, wer die Oberarmextensoren versorgt.
A. profunda brachii.

12. Erläutern Sie bitte den Verlauf der V. subclavia.
Vor dem M. scalenus anterior.

13. Bitte erläutern Sie, welcher Fasciculus den N. radialis bildet.
Fasciculus posterior.

14. Bitte erklären Sie, woraus der Plexus brachialis entsteht.
Ventrale Äste der Spinalnerven C5 bis Th1.

Falls du die Chance hast, in der mündlichen Prüfung topografisches Wissen zu den Achsellücken anzubringen, kannst du damit sicherlich glänzen. Auch in der Mündlichen wird der Karpaltunnel gerne gefragt und zählt zu den Themen, die du sicher beherrschen solltest; ein Hinweis auf das Karpaltunnelsyndrom macht sich in jeder Prüfung gut!

15. Bitte erklären Sie, durch welche Achsellücke der N. axillaris tritt. Welche Strukturen laufen noch hindurch?
Durch die laterale Achsellücke, zusammen mit A. und V. circumflexa humeri posterior.

16. Nennen Sie bitte die Struktur, die den N. medianus typischerweise einengen und damit stören kann.
Der Canalis carpi. Er bildet sich aus dem Retinaculum flexorum und den Handwurzelknochen; Krankheitsbild: Karpaltunnelsyndrom.

17. Nennen Sie bitte den Muskel, welcher an der Bildung beider Achsellücken beteiligt ist.
Der lange Kopf des M. trizeps brachii.

18. Nennen Sie bitte den Leitmuskel des N. radialis und erklären Sie, was einen Leitmuskel ausmacht.
Der M. supinator. Leitmuskeln sind solche, durch die ein Nerv hindurchläuft.

Mehr Cartoons unter www.medi-learn.de/cartoons

Pause

So, jetzt nutze deine obere Extremität, öffne das Fenster und lass ordentlich Luft rein. Zeit zum Verschnaufen: lange Pause!

3 Untere Extremität

Fragen in den letzten 10 Examen: 51

Verallgemeinert kannst du davon ausgehen, dass bei der unteren Extremität im Physikum eher die Topografie als die Muskulatur geprüft wird. Dennoch gibt es auch hier Muskeln, die du beherrschen solltest. Die großen Gelenke wie Hüft-, Knie- und Sprunggelenk werden sowohl im Schriftlichen als auch im Mündlichen häufig gefragt.

3.1 Gelenke und Bänder

Das Wissen über die Bänder des Beckens ist die Grundvoraussetzung für ein Verständnis der Topografie. Nur wenn du den Verlauf der Bänder verinnerlicht hast, kannst du die einzelnen topografischen Strukturen verstehen und damit Punkte im Schriftlichen und Mündlichen sammeln.

3.1.1 Becken

Das Becken besteht aus zwei **Ossa coxae (Hüftbeinen)**, die jeweils aus drei Knochen gebildet werden: Os ilium, Os pubis und Os ischium. Die beiden Ossa coxae sind ventral durch die **Symphyse** und dorsal durch die **sakroiliakalen Gelenke** mit dem Os sacrum verbunden. Durch diese Verbindungen der Ossa coxae entsteht der **Beckenring**. Mit anderen Worten: Der Beckenring wird aus zwei Ossa (Os coxae und Os sacrum) gebildet. Er dient damit zum einen der Verbindung des Rumpfes mit den Beinen, zum anderen trägt er die Baucheingeweide. Die sakroiliakalen Gelenke sind echte Gelenke (Amphiarthrosen), die bei jedem Schritt kleine Ausgleichsbewegungen vornehmen. Weitere wichtige Bänder des Beckens sind:

- das **Lig. sacrospinale**,
- das **Lig. sacrotuberale**,
- das **Lig. inguinale**.

Diese drei werden im Abschnitt Topografie genauer vorgestellt (s. Kapitel 3.4, S. 52). Zwischen dem Os pubis und dem Os ischium bildet sich das knöcherne **Foramen obturatum**, das beim lebenden Menschen durch die **Membrana obturatoria** bedeckt ist. Ein kleines Loch in dieser Membran wird Canalis obturatorius genannt. Dieser Kanal gehört zu den Lieblingsthemen im Physikum (s. Topografie Kapitel 3.4, S. 52).

Achtung: Verwechsle niemals den Canalis obturatorius mit dem Canalis pudendalis (auch „Alkock'scher Kanal"). Die beiden liegen zwar dicht nebeneinander, haben aber nichts miteinander zu schaffen.

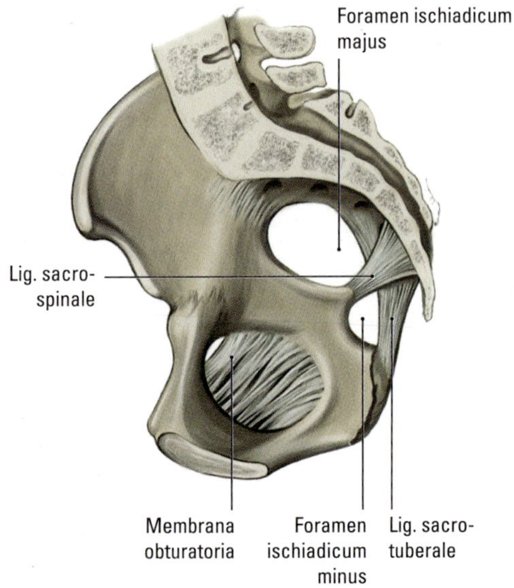

Abb. 28: Os coxae *medi-learn.de/ana5-28*

Symphysis pubica	– kein echtes Gelenk – Discus interpubicus – Lig. pubicum sup. (oben) – Lig. arcuatum pubis (unten)
Art. sacroiliaca	– **Amphiarthrose** (echtes Gelenk, aber sehr starr) – Ligg. sacroiliaca ant. – Ligg. sacroiliaca post. – Ligg. sacroiliaca interossea

Tab. 20: Überblick über die Knochenverbindungen des Beckens

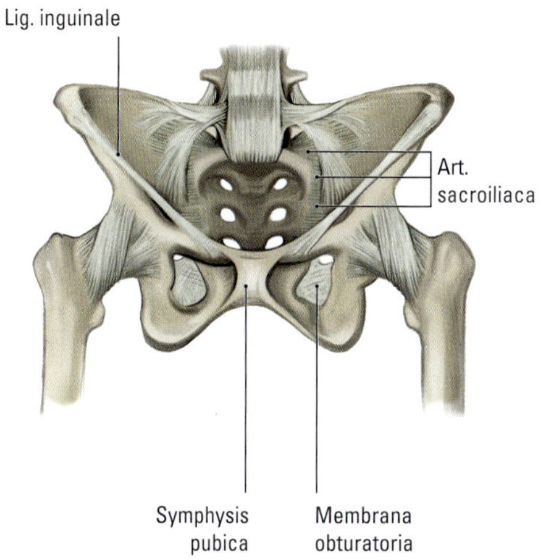

Abb. 29: Becken *medi-learn.de/ana5-29*

Lig. sacrospinale	– vom Os sacrum zur Spina ischiadica – begrenzt das Foramen ischiadicum majus nach unten und das Foramen ischiadicum minus nach oben
Lig. sacrotuberale	– vom Os sacrum zum Tuber ischiadicum – begrenzt das Foramen ischiadicum minus nach unten
Membrana obturatoria	– bedeckt das knöcherne Foramen obturatum – bildet den Canalis obturatorius

Tab. 21: Absolut Wissenswertes zum Becken

Diameter

Die Beckendiameter sind gerade in der Gynäkologie von Bedeutung, da sie den Geburtskanal definieren. Die Conjugata vera (obstetricia) definiert die kürzeste Strecke zwischen Promontorium und Symphyse. Sie kann durch die Conjugata diagonalis (vom Promontorium zum Unterrand der Symphyse, ca. 1,5 cm länger als die Conjugata vera) abgeschätzt werden.

Übrigens ...
Ohne Instrumente (nur mit palpierenden Fingern) kann nur die Conjugata diagonalis bestimmt werden.

Conjugata vera = Conjugata obstetricia	– vom Promontorium zur Innenseite der Symphyse – 11 cm
Diameter transversa	– quer im Becken verlaufend – 13,5 cm

Tab. 22: Beckendiameter

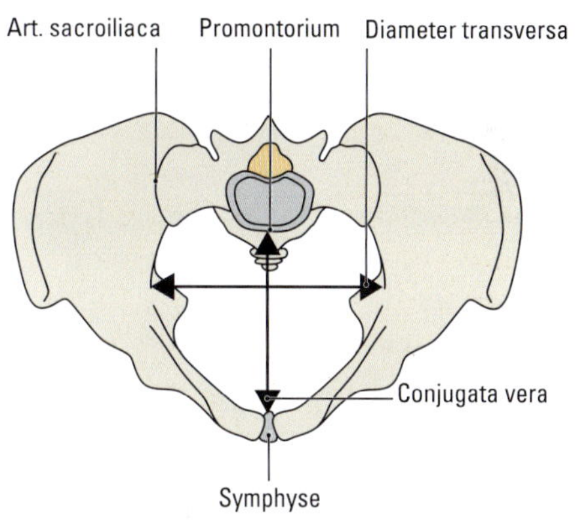

Abb. 30: Beckendiameter
medi-learn-de/anatomie5-30

3.1.2 Hüftgelenk (Art. coxae)

Das Hüftgelenk wird auch als Nussgelenk bezeichnet, da die Pfanne größer ist als der Kopf. Der Kopf wird vom Femur gebildet. Die Pfanne heißt **Acetabulum** und besteht aus den drei Knochen eines Os coxae, die dieY-Fuge bilden.

Die Y-Fuge liegt also im Acetabulum. Außerdem liegt im Acetabulum die **Facies lunata**. Das ist der eigentliche Ort, an dem Hüftknochen und Femur artikulieren. Daher ist auch nur sie und nicht das ganze Acetabulum mit Knorpel überzogen. Außen am Acetabulumrand entlang verläuft das **Labrum acetabulare**, ein kräftiger Faserknorpelzug, der die Pfanne vergrößert und damit das Kugelgelenk zum Nussgelenk macht.

Das Hüftgelenk ist **bandgesichert**. Innerhalb seiner **drei Freiheitsgrade** (alle sechs Bewegungen: Innenrotation/Außenrotation, Extension/Flexion, Abduktion/Adduktion) ist es daher relativ schlecht beweglich (verglichen z. B. mit der Schulter), dafür aber auch sehr sicher. Eine Luxation im Hüftgelenk (ohne vorbestehende knöcherne Deformität oder schweren Unfall) tritt aus diesem Grund sehr selten auf. Alle drei extrakapsulären Bänder münden mit ihren Faserzügen in die **Zona orbicularis**. Das ist eine ringförmig um den Schenkelhals des Femurs verlaufende, die Kapsel verstärkende Bandstruktur.

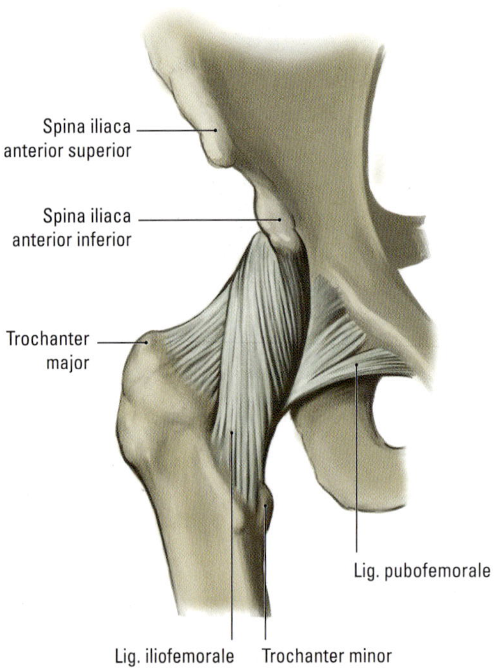

Abb. 31: Bänder des Hüftgelenks

medi-learn.de/ana5-31

Lig. capitis femoris	– liegt intrakapsulär – keine Haltefunktion fürs Hüftgelenk – ist die obliterierte A. femoris capitis
Lig. iliofemorale	– von der Spina iliaca ant. inf. des Os ilium zur Linea intertrochanterica und zur Zona orbicularis – stärkstes Band im menschlichen Körper (ermöglicht das amuskuläre Stehen) – limitiert die Extension
Lig. ischiofemorale	– vom Os ischium zur Fossa trochanterica und zur Zona orbicularis – limitiert Innenrotation und Extension
Lig. pubofemorale	– vom Os pubis zur Linea intertrochanterica und zur Zona orbicularis – limitiert Außenrotation und Abduktion

Tab. 23: Bänder des Hüftgelenks

3.1.3 Kniegelenk (Art. genus)

Das Kniegelenk ist das größte Gelenk im menschlichen Körper und das Lieblingsgelenk der Physikumsfragen. Es ist ein **Drehscharniergelenk**; kann also neben der Extension/Flexion auch rotieren. Damit hat das Kniegelenk zwei Freiheitsgrade.

Merke!

Die Rotation ist nur in Beugestellung möglich, weil dann die Bänder entspannt sind.

Drei Knochen bilden das Knie:
- **Femurkondylen** (Kopf),
- **Tibiaplateau** (Pfanne),
- **Patella**.

Die Fibula hat NICHTS mit dem Kniegelenk zu tun!
Da Kopf und Pfanne des Kniegelenks nicht aufeinander passen (inkongruent sind), gibt es die **Menisken**, deren Funktion im **Inkongruenzausgleich** besteht, d. h. sie sorgen für die richtige Passform der beiden Knochen. Die Patella artikuliert über ihre Hinterfläche mit dem Femur (sie berührt NIEMALS die Tibia!). Die Patellasehne entspringt an der Patellaspitze (die liegt kaudal, zeigt also nach unten) und setzt an der Tibia an. Sie vergrößern damit den Kraftarm (s. Gelenkphysik Abb. 4, S. 4).
Viele Bänder sichern das Knie. Man kann sie in **intrakapsuläre** und **extrakapsuläre Bänder** untergliedern. Neben der in Beugestellung möglichen aktiven Innen- und Außenrotation, gibt es die **passive Schlussrotation**: Wenn du das Knie streckst, kannst du sehen, dass bei den letzten Graden der Extension der Unterschenkel in eine leichte Außenrotation gedreht wird. Das ist keine Muskelleistung, sondern liegt daran, dass das **vordere Kreuzband** als erstes aller Bänder **bei der Extension gespannt** wird und den Unterschenkel in Außenrotation dreht. Das **vordere Kreuzband** ist mit dem **medialen Meniskus** und dem **medialen Kollateralband verwachsen**.

Merke!

Weil bei einem Unfall häufig alle drei miteinander verbundenen Komponenten (vorderes Kreuzband, medialer Meniskus, mediales Kollateralband) gleichzeitig zerstört werden, spricht man auch von der „unhappy triad".

Das hintere Kreuzband ist frei und daher sehr viel beweglicher als das vordere. Das ist auch der Grund dafür, dass es sich bei Belastungen besser mitbewegen kann und daher nicht so schnell zerreißt – außer, es war schon vorgeschädigt.

Das gesamte Knie ist ein beliebtes Prüfungsthema in Wort und Bild. Ganz besonders häufig wird nach dem Verlauf der Bänder gefragt.

Merke!

Da gerade die Kreuzbänder oft gefragt werden, hier eine kleine Denkhilfe: Legst du den Mittelfinger über den Zeigefinger einer Hand und hältst dann diese Hand vor das gleichseitige Knie, so hast du in etwa den Verlauf der Kreuzbänder dargestellt. Alternativ kannst du dir ein Skelett nehmen und die Kreuzbänder mit Klebestreifen einkleben.

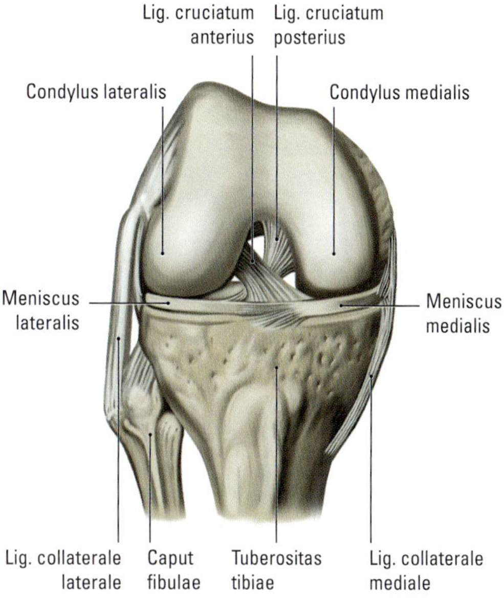

Abb. 32: Knie *medi-learn.de/ana5-32*

Ein Wort zur klinischen Untersuchung: Bei einer Ruptur des vorderen Kreuzbandes kann der Unterschenkel im gebeugten Knie ventral herausgezogenen werden (vordere Schublade).
Bei einer Ruptur des hinteren Kreuzbandes kann der Unterschenkel nach dorsal geschoben werden (hintere Schublade).
Sind die Seitenbänder gerissen, kann der Unterschenkel bei gestrecktem Kniegelenk nach medial (bei Außenbandriss) oder lateral (bei Innenbandriss) geklappt werden.

3

Anteile des Kniegelenks

Meniscus med.	– C-Form – über Gelenkkapsel mit medialem Kollateralband und vorderem Kreuzband verwachsen („unhappy triad") – dient dem Inkongruenzausgleich von Femur und Tibia
Meniscus lat.	– 4/5-Form (Halbmondform) – ist beweglicher, da nicht mit dem Seitenband verwachsen – dient ebenfalls dem Inkongruenzausgleich

Tab. 24: Menisken des Kniegelenks

Intraartikuläre Bänder

Lig. cruciatum ant.	– von medialer Fläche des äußeren Femurkondylus zur Eminentia intercondylare tibiae ant. – „verläuft wie die vordere Hosentasche" – wird als erstes aller Bänder bei der Extension gespannt und bedingt so die „passive Schlussrotation" bei Extension – ist mit medialem Meniskus und medialem Kollateralband verwachsen („unhappy triad")
Lig. cruciatum post.	– vom medialen Femurkondylus zur Eminentia intercondylare tibiae post.
Lig. transversum genus	– verbindet beide Menisken ventral miteinander

Tab. 25: Intraartikuläre Bänder des Kniegelenks

Extraartikuläre Bänder

Die extraartikulären Bänder sichern das Knie gegen unphysiologische Bewegungen. Als Scharniergelenk hat das Knie ein **mediales („tibiales") und ein laterales („fibulares") Kollateralband**, die die Abduktion und Adduktion verhindern. Eine übermäßige Extension verhindern zwei dorsal („popliteal") gelegene Bänder: das **Lig. popliteum arcuatum** und das **Lig. popliteum obliquum.** Ventral liegt das **Lig. patellae**, welches von der Patellaspitze zur Tuberositas tibiae verläuft und die Kraft des M. quadrizeps auf den Unterschenkel überträgt. Medial und lateral neben der Patella liegen noch zusätzlich zwei kleine Bänder: das Retinaculum genu laterale und mediale.

Verbindung Tibia zu Fibula

Im Gegensatz zur oberen Extremität können sich im Unterschenkel die beiden Knochen nicht gegeneinander bewegen. Proximal artikuliert das Fibulaköpfchen mit der Tibia in einer Amphiarthrose und die Schäfte beider Knochen werden durch eine Membrana inter-

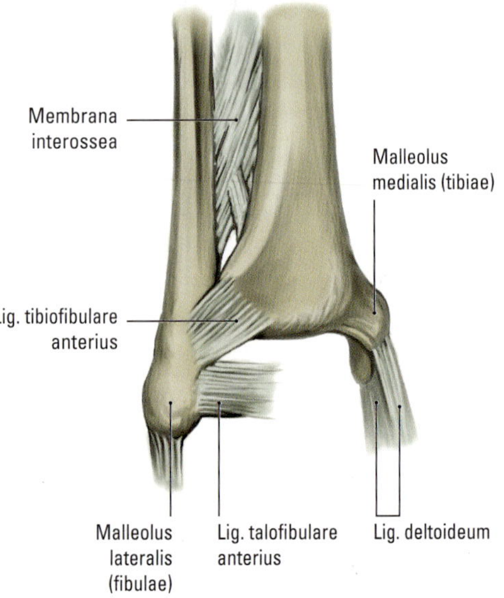

Abb. 33: Malleolengabel *medi-learn.de/ana5-33*

Bänderhaft

ossea zusammengehalten. Die distale Verbindung beider Knochen ist eine Syndesmose. Für die Prüfung wichtig ist dagegen die Bildung der **Malleolengabel** durch Tibia und Fibula, die wiederum der proximale Anteil des **oberen Sprunggelenks** ist.

3.1.4 Sprunggelenke

Es gibt ein **oberes Sprunggelenk** (OSG) und ein **unteres Sprunggelenk** (USG). Das USG wird in eine vordere und eine hintere Kammer unterteilt, die funktionell immer zusammenarbeiten. Das OSG ist für die **Dorsalextension und die Plantarflexion** zuständig, das USG für die **Supination und Pronation**. Bei der Supination wird der Fußinnenrand nach oben gezogen, die Pronation ist die Gegenbewegung.
Diese Gelenke werden zwar von einer verwirrenden Vielzahl von Bändern gesichert, um die Fragen des schriftlichen Physikums zu diesem häufig geprüften Thema lösen zu können, muss man jedoch nur diese fünf kennen:

Merke!

Die fünf wichtigen Bänder der Sprunggelenke sind:
- Lig. tibiofibulare ant. (OSG) und Lig. tibiofibulare post. (OSG) – lateral
  - diese beiden Bänder werden klinisch auch Syndesmose genannt
- Lig. deltoideum (OSG)
  - liegt medial und sichert das OSG gegen ungewollte Pronation
- Lig. calcaneofibulare (OSG) – lateral
- Lig. calcaneonaviculare plantare (USG) = Pfannenband

Oberes Sprunggelenk

Das obere Sprunggelenk (OSG) wird von der **Malleolengabel** und dem **Talus** (Trochlea tali) gebildet. Es dient der Dorsalextension (Fußspitze zur Nase hochziehen) und der Plantarflexion (Fußspitze zum Boden). Die Malleolengabel wird durch das **Lig. tibiofibulare ant.** und **tibiofibulare post.** (klinisch auch **Syndesmose**) gesichert. Medial spannt sich am OSG das **Lig. deltoideum** aus, das seinerseits aus vier einzelnen Bändern zusammengesetzt ist. Es verhindert eine Pronation im OSG.
Lateral am OSG liegen das **Lig. talofibulare ant.** und **talofibulare post.** sowie das **Lig. calcaneofibulare**.
Die Trochlea tali ist ventral breiter als dorsal. Bei Dorsalextension kommt der ventrale Anteil zwischen der Malleolengabel zu liegen und verklemmt sich, daher ist die **Dorsalextension** auch die **stabile Stellung des OSG**. Bei Plantarflexion liegt der schmale hintere Teil der Trochlea tali zwischen der Malleolengabel, wodurch die **Plantarflexion instabil** ist und leicht Verletzungen auftreten können.

Übrigens ...
Eine der häufigsten Verletzungen überhaupt ist der Bänderriss im OSG. In 99,9 % der Fälle hat der Patient dann ein **Supinationstrauma**. Dabei werden die medialen Bänder gestaucht (das Lig. deltoideum), was sie aber nicht sonderlich interessiert. Viel wichtiger ist, dass die lateralen Bänder überdehnt werden und dann reißen. Eigentlich handelt es bei dieser Verletzung um eine Supination, die im OSG abläuft, und das kann das OSG eben nicht.

Unteres Sprunggelenk

Das untere Sprunggelenk (USG) besteht aus zwei Kammern: der vorderen und der hinteren Kammer. Diese arbeiten immer zusammen. Die **Art. subtalaris** (hintere Kammer) und die **Art. talocalcaneonavicularis** (vordere Kammer) werden durch das **Lig. calcaneonaviculare plantare** (Pfannenband) verbunden. Dieses Band bildet eine Gelenkpfanne.
Im USG können **Supination** und **Pronation** durchgeführt werden.

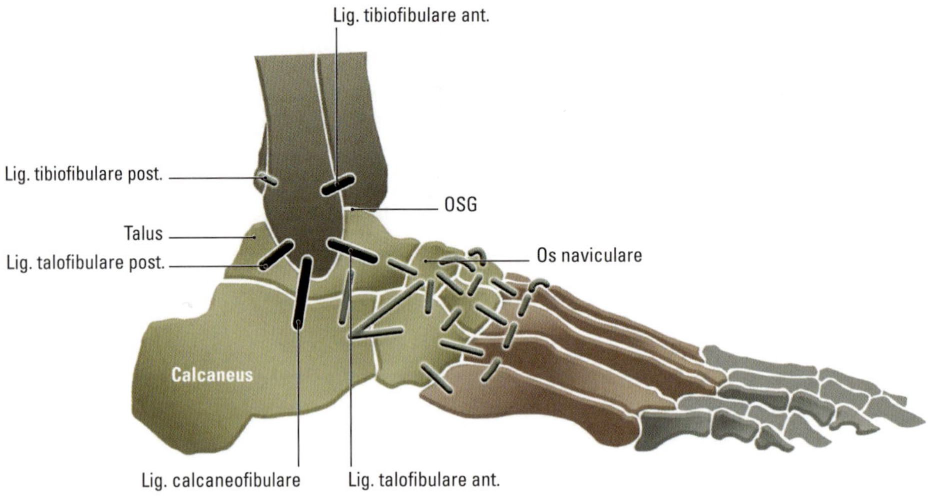

Abb. 34: Oberes Sprunggelenk (OSG) *medi-learn.de/ana5-34*

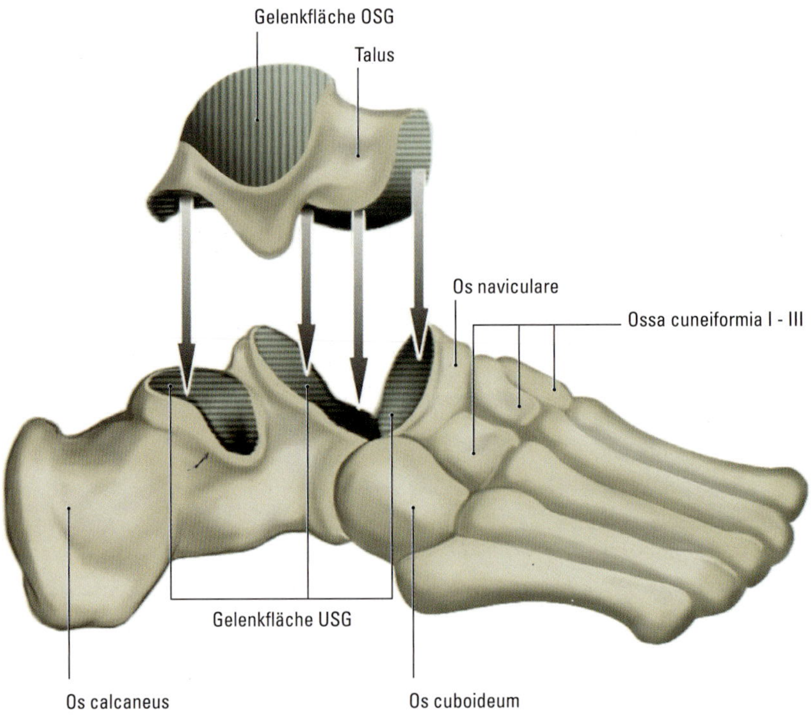

Abb. 35: Unteres Sprunggelenk (USG) *medi-learn.de/ana5-35*

Oberes Sprunggelenk (Art. talocruralis)	– Malleolengabel und Trochlea tali – Dorsalextension (stabil) und Plantarflexion (instabil) – mediale Bänder: Lig. deltoideum (aus vier einzelnen Bändern) – laterale Bänder (reißen bei Supinationstrauma): Lig. talofibulare ant. Lig. talofibulare post. Lig. calcaneofibulare
Unteres Sprunggelenk (Art. talocalcaneonavicularis + Art. subtalaris)	– zwei Kammern: hintere Kammer (Art. subtalaris) und vordere Kammer (Art. talocalcaneonavicularis) – Supination und Pronation – Lig. calcaneonaviculare plantare (Pfannenband)

Tab. 26: Sprunggelenke

3.1.5 Fußgewölbe

Die Knochen des Fußes werden durch Bänder und Sehnen so gehalten, dass sie ein Längs- und ein Quergewölbe bilden. Diese dienen als Federmechanismus beim Gehen und Springen.

Merke!

Das Längsgewölbe wird mehr durch Bänder aufrechterhalten (Lig. plantare longum), das Quergewölbe mehr durch Sehnen (der Mm. peronei).

Manchmal wird in mündlichen Prüfungen nach dem Steigbügel gefragt. Damit sind die Sehnen des M. tibialis anterior (medial) und des M. peronaeus longus (lateral) gemeint. In diesen Sehnen ist der Fuß wie in einem Steigbügel aufgehängt.

Übrigens ...

Tipp aus der Unfallchirurgie: Die Linie zwischen Fußwurzel- und Mittelfußknochen wird „Lisfranc-Gelenklinie" genannt; die zwischen dem Rückfuß (also Talus und Calcaneus) und den davor gelegenen Fußwurzelknochen (also Os naviculare und Os cuboideum) „Chopart-Gelenklinie". Luxationen in einer dieser beiden Linien sind zwar selten, aber meistens schwerwiegend.

3.2 Muskeln

Auch die Muskulatur der unteren Extremität ist in ihrer Vielfalt leicht verwirrend. Zum Glück hat das schriftliche Physikum seine „Lieblingsmuskeln", und wenn du die kennst, kannst du die Fragen auch beantworten. Daher werden wir hier ausschließlich diese Muskeln vorstellen mit dem Ziel: maximale Punkte bei mäßigem Aufwand.

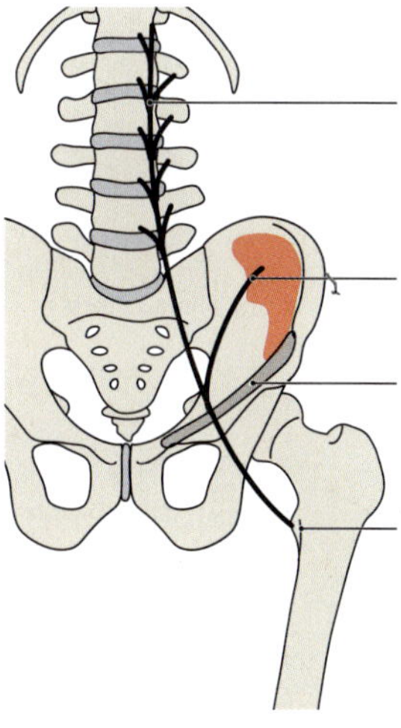

Abb. 36: M. iliopsoas *medi-learn.de/ana5-36*

3

3.2.1 Hüftmuskulatur

Muskel	Ursprung	Ansatz	Innervation	Funktion
M. iliopsoas – M. iliacus – Mm. psoas major und minor	M. iliacus: – Innenseite Darmbeinschaufel (Fossa iliaca) M. psoas: – Innenseite BWK12 – LWK4	Gemeinsam: – Trochanter minor – durchläuft Lacuna musculorum	Plexus lumbalis – N. femoralis	Hüfte: – Flexion (**stärkster Hüftbeuger**) – Außenrotation – Adduktion Besonderheit: zwischen beiden Muskelbäuchen läuft der N. femoralis
M. glutaeus maximus	– dorsales Os sacrum – Ala ossis ilii	– Tuberositas gluteae femoralis – Tractus iliotibialis	N. glutaeus inf. [L4-S2]	Hüfte: – Extension (**stärkster Hüftstrecker**) – Außenrotation – Adduktion und Abduktion je nach Stellung
M. glutaeus medius	Außenseite Darmbeinschaufel	Trochanter major femoris	N. glutaeus sup.	Hüfte: – Abduktion (bei Ausfall **Trendelenburg-Zeichen**) – Innenrotation und Außenrotation
M. tensor fasciae latae	Spina iliaca anterior superior	strahlt in den Tractus iliotibialis ein	N. glutaeus sup.	spannt Fascia lata, Flexion und Innenrotation Hüftgelenk

Tabelle 27: Hüftmuskulatur

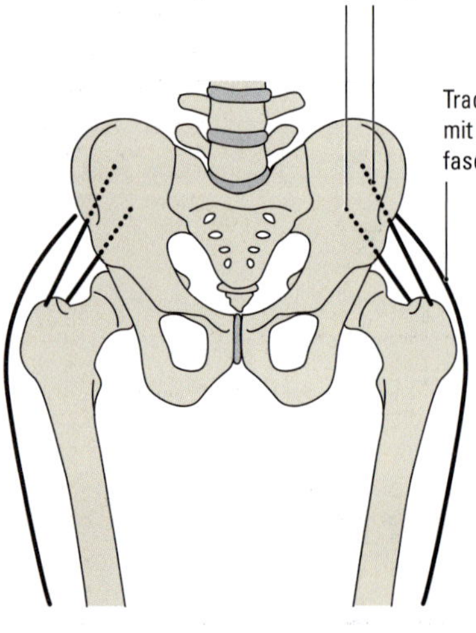

Abb. 37: M. glutaeus medius *medi-learn.de/ana5-37*

Trendelenburg-Zeichen

Während des Gehens befindet sich immer ein Bein in der **Standbeinphase**, das andere schwingt als **Spielbein** durch. Das Körpergewicht würde das Becken auf der Seite des Spielbeins nach unten drücken. Damit das nicht passiert, muss auf der Standbeinseite der M. glutaeus medius kontrahieren. Er hält also das Becken während der Standbeinphase in der horizontalen Ebene. Wenn der Glutaeus medius ausgefallen ist (z. B. durch **Schädigung des N. glutaeus superior** nach fehlerhafter intramuskulärer Injektion), **neigt sich das Becken zur Spielbeinseite hinunter**, während man auf der Standbeinseite einen Beckenhochstand hat. Dieses Phänomen heißt Trendelenburg-Zeichen.

Übrigens ...
Bei der Inspektion eines Patienten mit Trendelenburg-Zeichen fällt der **Watschelgang** auf, außerdem ist auf der geschädigten Seite (Beckenhochstand) die horizontale Glutealfalte vertieft, die Rima ani („Pofalte") zeigt **kranial zur gesunden Seite, kaudal zur betroffenen**.

Tiefe äußere Hüftmuskeln

Diese Muskeln werden so gut wie nie im Schriftlichen gefragt. Als einzigen Vertreter dieser Gruppe solltest du den **M. piriformis** kennen, der auch bei der Topografie eine Rolle spielt (s. Abb. 43, S. 54).

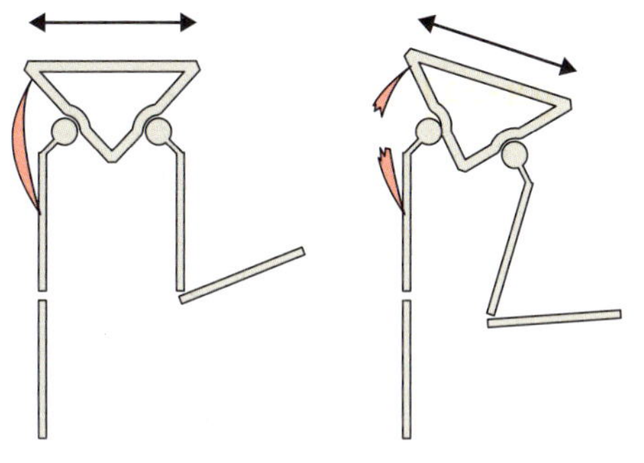

Abb. 38: Trendelenburg-Zeichen

medi-learn.de/ana5-38

Muskel	Ursprung	Ansatz	Innervation	Funktion
M. piriformis	ventrales Os sacrum	Trochanter major femoris	direkte Äste aus Plexus sacralis	– Abduktion u. Außenrotation; – unterteilt das Foramen ischiadicum majus in ein Foramen suprapiriforme und ein Foramen infrapiriforme
M. obturatorius int.				
M. glutaeus minimus				
Mm. gemelli				– Adduktion – Außenrotation
M. quadratus femoris				
M. obturatorius ext.				

Tab. 28: Tiefe Hüftmuskulatur

3.2.2 Oberschenkelmuskulatur

Der Oberschenkel wird durch die drei Septa intermuscularia in drei Muskellogen unterteilt. Die Muskeln in einer Loge werden alle durch denselben Nerven innerviert und von denselben Gefäßen versorgt.

Ventrale Extensorenloge:
- Innervation durch N. femoralis
- Gefäße A. et V. femoralis

Mediale Adduktorenloge:
- Innervation durch N. obturatorius
- Gefäße A. et V. obturatoria

Dorsale Flexorenloge:
- Innervation pars tibialis N. ischiadicus
- Gefäße: A. et Vv. perforantes aus A. und V. profunda femoris

Die beiden in Tab. 29 genannten Muskeln werden gerne gefragt. Beide solltest du dir auch im Atlas ansehen und dir ihren Verlauf, ihre Innervation und die Funktion sehr genau einprägen. Der M. sartorius liegt zwar in der Extensorenloge, macht aber eine Flexion im Knie.

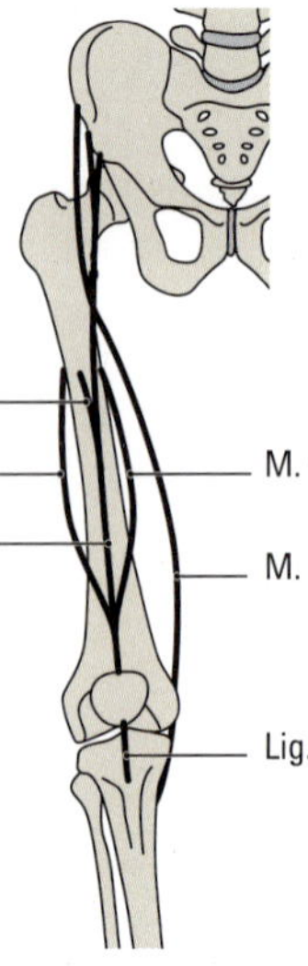

Abb. 39: Extensoren Oberschenkel

medi-learn.de/ana5-39

Muskel	Ursprung	Ansatz	Innervation	Funktion
M. sartorius = „Schneidermuskel“	Spina iliaca ant. sup.	Pes anserinus	N. femoralis	**Schneidersitz**: Hüfte: – Flexion – Abduktion – Außenrotation Knie: – Flexion – Innenrotation
M. quadrizeps femoris: – M. rectus femoris – M. vastus lat. – M. vastus med. – M. vastus intermed.	 Spina iliaca ant. inf. lateraler Femur medialer Femur ventraler Femur	über Patella an Tuberositas tibiae	N. femoralis	Hüfte: – Flexion (durch M. rectus femoris) Knie: – Extension

Tab. 29: Überblick über die Extensoren-Loge

Muskel	Ursprung	Ansatz	Innervation	Funktion
M. pectineus	Os pubis	dorsaler Femur Linea pectinea femoris	Doppelinnervation: N. obturatorius und N. femoralis	– Adduktion – Außenrotation
M. adductor longus			N. obturatorius	
M. gracilis = „Jungfrauenhüter"	Ramus inf. ossis pubis	Pes anserinus	N. obturatorius	Hüfte: – Adduktion und Flexion Knie: – Flexion – Innenrotation
M. adductor brevis	Os pubis	medialer Femur	N. obturatorius	Hüfte: – Adduktion – Innenrotation und Außenrotation je nach Stellung
M. adductor magnus	Os pubis	medialer Femur	Doppelinnervation: N. obturatorius und N. tibialis	

Tab. 30: Überblick über die Adduktoren-Loge

Muskel	Ursprung	Ansatz	Innervation	Funktion
M. biceps femoris	Caput longum: Tuber ischiadicum Caput breve: Linea aspera femoris	Caput fibulae	Caput longum: N. tibialis Caput breve: N. fibularis com.	Hüfte: – Extension Knie: – Außenrotation – Flexion
M. semimembranosus	Tuber ischiadicum	med. Tibia unter Pes anserinus profundus	Pars tibialis: N. ischiadicus	Hüfte: – Extension Knie: – Innenrotation (bei gebeugtem Knie) – Flexion
M. semitendinosus	Tuber ischiadicum	Pes anserinus superficialis		

Tab. 31: Überblick über die Flexoren-Loge

Von den Adduktoren wird fast ausschließlich der M. gracilis gefragt.
Warum er den Namen „Jungfrauenhüter" trägt? Nun, das erklärt sich über seine Funktion ...

Die Flexoren des Oberschenkels werden sehr oft gefragt. Ganz besonders ist der M. biceps femoris beliebt. Von ihm solltest du dir auf alle Fälle merken, dass der **kurze Kopf** vom **N. fibularis communis** und der **lange Kopf** vom **N. tibialis** innerviert wird, also beide Köpfe unterschiedliche Innervationen haben. Außerdem ist der **M. biceps femoris** der **einzige Außenrotator im Kniegelenk**, eine Tatsache, die bislang in jedem Physikum gefragt wurde!
Auch immer geprüft wurde das **Pes anserinus**.

Es dient als gemeinsame Ansatzsehne von drei Muskeln, die alle medial an der Tibia ansetzen:

- **M. sartorius**
- **M. gracilis**
- **M. semitendinosus.**

Der M. semimembranosus hat eine eigene Ansatzsehne, die manchmal auch als Pes anserinus profundus bezeichnet wird.

Im Anhang auf S. 84 f. findest du zum Thema Oberschenkelmuskulatur die IMPP-Bilder 7 und 8.

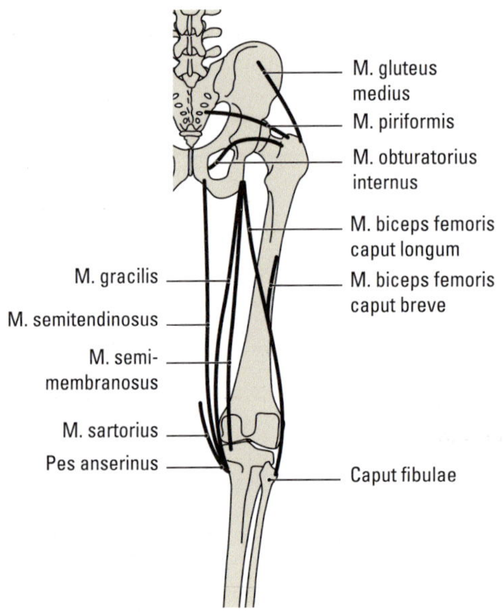

Abb. 40: Flexoren Oberschenkel

medi-learn.de/ana5-40

3.2.3 Unterschenkelmuskulatur

Auch der Unterschenkel wird durch Septa intermuscularia in drei Logen unterteilt. Genau genommen sind es sogar fünf Logen, denn die Extensorenloge und die Flexorenloge werden noch weiter in eine oberflächliche und eine tiefe Loge unterteilt. Für die Innervation und Gefäßversorgung reicht aber die Kenntnis der **drei Logen** aus.

Ventrale Extensoren:

- Innervation durch **N. fibularis profundus**
- Gefäße: **A. et V. tibialis anterior**

Dorsale Flexoren:

- Innervation durch **N. tibialis**
- Gefäße: **A. et V. tibialis posterior**

Laterale Peronaeen:

- Innervation durch **N. fibularis superficialis**
- Gefäße: **A. et V. peronaea** (fibularis)

Die Begriffe N. fibularis und N. peronaeus werden synonym verwendet.

Der M. gastrocnemius (zweiköpfig) wird gemeinsam mit dem M. soleus (einköpfig) als **M. triceps surae** zusammengefasst. Sie bilden den Hauptanteil der Achillessehne, in die auch noch der M. plantaris einstrahlt.

Muskel	Ursprung	Ansatz	Innervation	Funktion
M. tibialis anterior (s. IMPP-Bild 9 und 10 im Anhang S. 86 f.)	ventrale Tibia	Os metatarsale I		– Dorsalextension – Supination
M. extensor hallucis longus (s. IMPP-Bild 10 im Anhang S. 87)	Membrana interossea	Endphalanx der Großzehe	N. fibularis profundus	– Dorsalextension – Supination, sehr gering – Extension Zehe I
M. extensor digitorum longus (s. IMPP-Bild 10 im Anhang S. 87)	ventrale Fibula	Endphalangen der Zehen II–V (Dorsalaponeurosen II.–V. Zehen)		– Dorsalextension – Extension der Zehen II–V

Tab. 32: Überblick über die Extensoren-Loge

Muskel	Ursprung	Ansatz	Innervation	Funktion
M. gastrocnemius	– mit zwei Köpfen vom Condylus med. und lat. des Femur – liegt oberflächlich			Knie: – Flexion Sprunggelenk: – Plantarflexion – Supination
M. soleus	– dorsale Tibia und dorsale Fibula – liegt tief	über Achillessehne am Tuber calcanei	N. tibialis	– Plantarflexion – Supination
M. plantaris	Condylus lat. des Femur			– Plantarflexion – Supination

Tab. 33: Überblick über die Flexoren-Loge (M. gastrocnemius und M. soleus bilden den M. triceps surae)

Muskel	Ursprung	Ansatz	Innervation	Funktion
M. peronaeus longus	Fibula	plantar am Os metatarsale I + Os cuneiforme mediale	N. fibularis superf.	– Plantarflexion – Pronation
M. peronaeus brevis	Fibula	plantar am Os metatarsale V		– Plantarflexion – Pronation

Tab. 34: Peronaeus-Loge

Der M. plantaris hat eine lange dünne Sehne, die medial am Unterschenkel hinabläuft und gerade in Bildfragen leicht mit einem Nerven oder Gefäß verwechselt werden kann.

Merke!

Die Peronaeusmuskeln fangen mit einem „P" an und haben am Fuß auch die Funktionen, die mit einem „P" beginnen: Plantarflexion und Pronation.

3.3 Leitungsbahnen

Wie immer sind es die Leitungsbahnen, die dem Prüfling die größten Sorgen bereiten und die gemeinerweise sowohl im schriftlichen als auch im mündlichen Physikum grundsätzlich geprüft werden. Der besondere Schwerpunkt liegt dabei auf den Nerven, deren Namen sich mit Hilfe der Merksprüche (s. Tab. 35) gut lernen lassen, aber recht kompliziert wirken und damit gerne als Falle gestellt werden. Die typischen Prüfungslieblinge sind hier zusammengefasst.

3.3.1 Arterien

Auf der Schemazeichnung ist der Verlauf der wichtigsten Arterien der unteren Extremität zu sehen. Du solltest dir die Zahl 3 merken, da es im Ober- wie auch im Unterschenkel drei Logen gibt, zu deren Versorgung drei Gefäße vorhanden sind.

Oberschenkel
- Extensoren: A. femoralis
- Flexoren: Aa. perforantes
- Adduktoren: A. obturatoria

Unterschenkel
- Extensoren: A. tibialis anterior
- Flexoren: A. tibialis posterior
- Peronaeus: A. fibularis (peronaea)

Die Adduktoren des Oberschenkels werden durch die A. obturatoria versorgt, die aus der A. iliaca interna stammt (verläuft durch den Canalis obturatorius), alle anderen Gefäße stammen aus der A. iliaca externa.
Die Flexoren des Oberschenkels werden durch die Aa. perforantes versorgt, die aus der A.

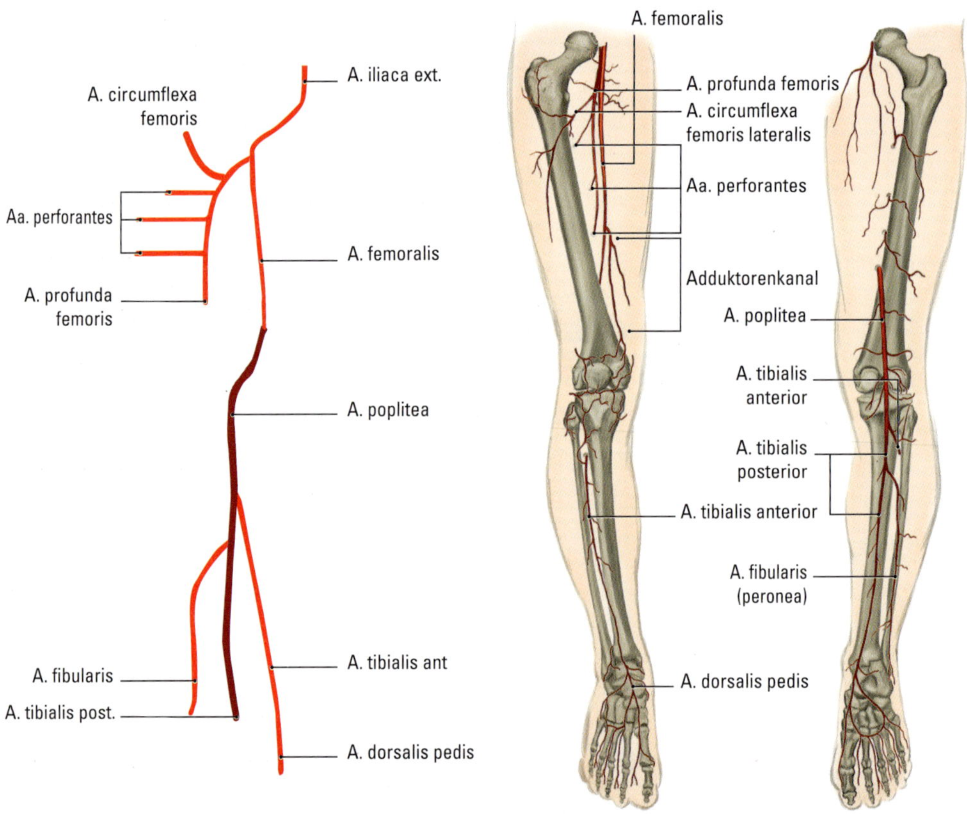

Abb. 41: Arterien der unteren Extremität

medi-learn.de/ana5-41

profunda femoris und damit aus der A. femoralis stammen.

A. iliaca externa
- **A. femoralis**
  - **A. profunda femoris**
  - **Aa. perforantes**
- Die A. femoralis verläuft durch den Adduktorenkanal und heißt ab der Kniekehle A.poplitea.
- Der Femurkopf wird aus der A. circumflexa femoris arteriell mit Blut versorgt.

A. poplitea
- **A. tibialis posterior**
  - **A. fibularis (peronaea)**
- **A. tibialis anterior**
  - **A. dorsalis pedis**

Im klinischen Alltag werden an den unteren Extremitäten folgende Punkte getastet:
- A. femoralis (sehr gut)
- A. poplitea (sehr gut)
- A. dorsalis pedis (gut)
- A. tibialis posterior.

3.3.2 Venen

Die Venen heißen und verlaufen wie die Arterien, liegen allerdings paarig vor. Prüfungsrelevant sind die hier vorgestellten oberflächlichen Venen:
- Die **V. saphena magna** liegt medial und zieht epifaszial das ganze Bein hoch, um im **Hiatus saphenus in die V. femoralis** zu münden.
- Die **V. saphena parva** liegt **lateral** und **mündet in der Kniekehle in die V. poplitea**.

Oberflächliche (epifasziale) und tiefe Venen haben ein Klappensystem, das das Versacken des Blutes nach distal verhindert. Über Venae perforantes fließt das Blut aus den oberflächlichen Venen in die tiefen. Werden die Klappen der epifaszialen Venen insuffizient, kommt es zur Umkehrung des Blutflusses im Beinvenensystem und zur Entstehung von Krampfadern, auch Varikosis genannt. Krampfadern sind daher Aussackungen der epifaszialen Venen.

3.3.3 Nerven

Die Nerven, die die untere Extremität versorgen, stammen alle aus dem **Plexus lumbosacralis**. Da diese Nerven sehr oft gefragt werden, ist es ratsam, sich mit Hilfe der Merksprüche den Ursprung der Nerven aus den jeweiligen Plexusanteilen einzuprägen.

Der Plexus lumbosacralis entsteht aus den vorderen Ästen der Spinalnerven Th12 bis S4:
- **Plexus lumbalis aus Th12 bis L4,**
- **Plexus sacralis aus L4 bis S4.**

Plexus lumbalis	
In	N. **i**liohypogastricus
Indien	N. **i**lioinguinalis
gibts	N. **g**enitofemoralis
kein	N. **c**utaneus femoris lateralis
frisches	N. **f**emoralis
Obst	N. **o**bturatorius

Plexus sacralis	
Gut	N. **g**lutaeus sup.
gehts	N. **g**lutaeus inf.
kaum	N. **c**utaneus femoris post.
mit **Ischias**	N. **ischia**dicus
im **P**aradies	N. **p**udendus

Tab. 35: Plexus lumbosacralis

N. iliohypogastricus
- verläuft auf dem M. quadratus lumborum durch den M. psoas major,
- zwischen M. transversus abdominis und M. obliquus internus abdominis.

N. ilioinguinalis
- verläuft parallel zum N. iliohypogastricus, aber weiter kaudal,
- zwischen M. transversus abdominis und M. obliquus internus abdominis.

N. genitofemoralis
- verläuft durch den M. psoas major,
- spaltet sich in zwei Äste:
  - **Ramus genitalis**, der im Leistenkanal verläuft und motorisch den M. cremaster versorgt.
  - **Ramus femoralis**, der durch die Lacuna vasorum verläuft und die Innenseite des Oberschenkels im oberen Bereich sensibel versorgt.

3

Übrigens ...
Bitte niemals den R. femoralis des N. genitofemoralis mit dem N. femoralis verwechseln. Das passiert sehr leicht und wird im Schriftlichen auch provoziert!

N. cutaneus femoris lateralis
- Verläuft durch die Lacuna musculorum und versorgt die laterale Seite des Oberschenkels sensibel.

N. femoralis
- Liegt **zwischen den Bäuchen des M. iliopsoas** und verläuft damit durch die **Lacuna musculorum**.
- Kurz **unter dem Leistenband** fasert er in seine Endäste auf, von denen der **sensible N. saphenus** mit **A. und V. femoralis durch den Adduktorenkanal** zieht.

N. obturatorius
- Zieht **durch den Canalis obturatorius** zum **medialen Oberschenkel** und versorgt die **Adduktorenmuskulatur** und die **Haut der medialen Oberschenkelseite unten sensibel.**

N. glutaeus superior
- Versorgt den M. glutaeus medius und minimus.

N. glutaeus inferior
- Versorgt den M. glutaeus maximus.

N. cutaneus femoris posterior
- Versorgt die Haut des dorsalen Oberschenkels sensibel.

N. ischiadicus
- Verläuft durch das **Foramen infrapiriforme** (Anteil des Foramen ischiadicum majus).
- Teilt sich in seine beiden Äste:
  - **N. tibialis**, der die **Flexoren des Ober- und Unterschenkels** versorgt. Der sensible Endast des **N. tibialis** ist der **N. suralis**, der am Außenknöchel mit der **V. saphena parva** zur Fußaußenkante verläuft.
  - **N. fibularis**, der sich weiter teilt in:
    - **N. fibularis superficialis** zur Versorgung der **M. peronei** und
    - **N. fibularis profundus** zur Versorgung der **Extensoren des Unterschenkels**.

N. pudendus
- Verlässt das Becken durch das Foramen infrapiriforme, wickelt sich um die Spina ischiadica und zieht durch das Foramen ischiadicum minus wieder ins Becken zurück.
- Verläuft in der Fossa ischiorectalis, genauer an deren Seitenwand im Canalis pudendalis (Alcock-Kanal).

3.4 Topografie der unteren Extremität

Die Topografie der unteren Extremität wurde bislang in jedem Physikum geprüft. Die einzelnen Durchtrittsstellen für Nerven und Gefäße solltest du dir daher sehr genau ansehen und auch die Strukturen einander zuordnen können.

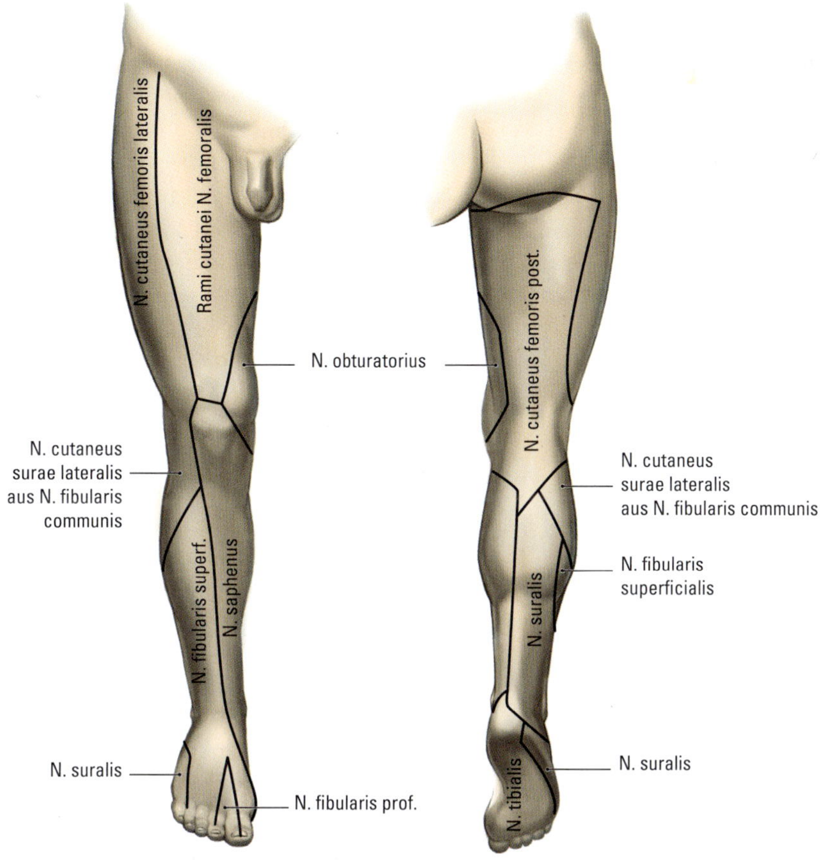

Abb. 42: Sensible Innervation der unteren Extremität

medi-learn.de/ana5-42

3.4.1 Regio glutealis

Durch das Ligamentum sacrospinale und das Ligamentum sacrotuberale (s. Abb. 43, S. 54) werden das Foramen ischiadicum minus und das Foramen ischiadicum majus gebildet. Durch das Foramen ischiadicum majus läuft der M. piriformis und unterteilt es in das Foramen suprapiriforme und das Foramen infrapiriforme.

Merke!

Das Lernen fällt leichter, wenn du dir merkst, dass durch das Foramen suprapiriforme alles läuft, was „glutealis superior" heißt. Durch das Foramen ischiadicum minus laufen der M. obturatorius internus sowie A., V. und N. pudendus. Alle anderen Strukturen, die auf der dorsalen Seite liegen, müssen folglich durch das Foramen infrapiriforme laufen ... und sie tun es auch.

Foramen suprapiriforme	– A. und V. glutealis superior – N. glutaeus superior
Foramen infrapiriforme Nerven aus Plexus sacralis (hinten!)	– N. ischiadicus – A. und V. glutealis inferior – N. glutaeus inferior – N. cutaneus femoris post. – N. pudendus – A. und V. pudenda interna (ziehen aus dem Becken heraus)
Foramen ischiadicum minus	– M. obturatorius internus – N. pudendus – A. und V. pudenda interna (ziehen in das Becken hinein)

Tab. 36: Regio glutealis

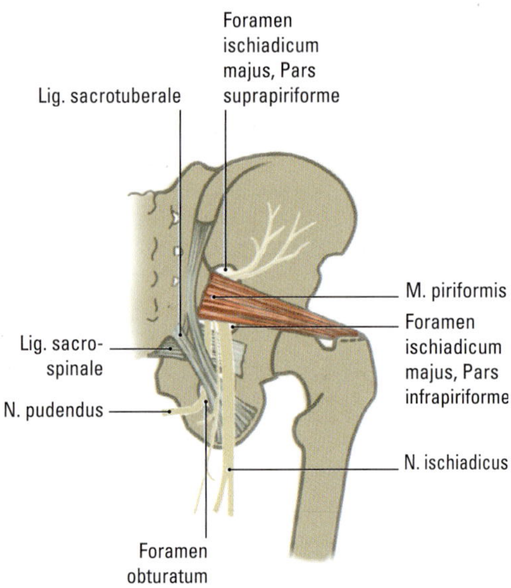

Abb. 43: Regio glutealis *medi-learn.de/ana5-43*

3.4.2 Canalis obturatorius

Der Canalis obturatorius ist ein Loch in der Membrana obturatoria, welche das knöcherne Foramen obturatum bedeckt (s. Abb. 44).

Canalis obturatorius	– A. und V. obturatoria – N. obturatorius

Tab. 37: Canalis obturatorius

Übrigens ...
Der Canalis obturatorius steht in keinem Zusammenhang mit dem Canalis pudendalis (s. Abb. 55, S. 69), obwohl sie dicht beieinander liegen. Viele Fragen im schriftlichen Physikum zielen auf diese leicht zu verwechselnde Tatsache ab. Also nicht verwirren lassen!

3.4.3 Regio subinguinalis

Auch auf der ventralen Seite gibt es Strukturen, die an das Bein gelangen müssen. Dafür sorgen die **Lacuna musculorum** und die **Lacuna vasorum**. Diese liegen unter dem **Ligamentum inguinale (Leistenband)**. Der Arcus iliopectineus (auch ein Band) trennt den Raum zwischen Leistenband und Beckenknochen in die beiden Lacunen. Lateral liegt die Lacuna musculorum, medial die Lacuna vasorum. Auch diese Themen werden oft gefragt und sollten daher sitzen.

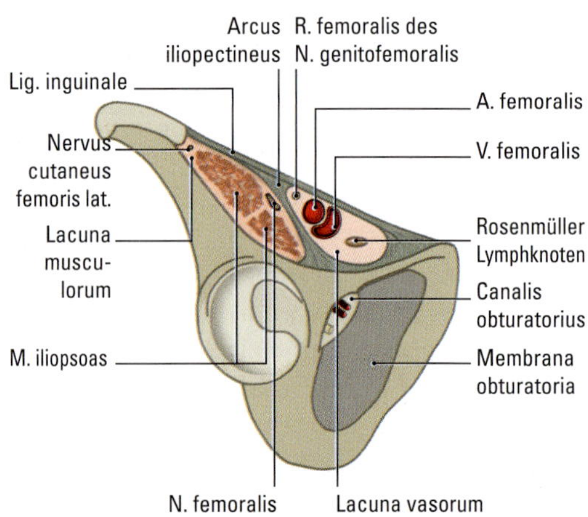

Abb. 44: Regio subinguinalis *medi-learn.de/ana5-44*

Lacuna musculorum	– M. iliopsoas – N. femoralis – N. cutaneus femoris lateralis } aus Plexus lumbalis → vorne!
Lacuna vasorum	– A. femoralis (lateral) – V. femoralis (medial) – R. femoralis des Nervus genitofemoralis – Rosenmüller-Lymphknoten

Tab. 38: Regio subinguinalis

Merke!

iVAN führt dich von medial nach lateral durch die Lacuna vasorum:
innen **V**ene – mittig **A**rterie – außen **N**erv!

3.4.4 Canalis adductorius

Der Adduktorenkanal wird aus dem **M. vastus medialis**, dem **M. adductor magnus** und **M. adductor longus** sowie der **Membrana vastoadductoria** gebildet. Er dient als Übertritt von der Extensorenloge in die Kniekehle.

Merke!

A. und V. femoralis ziehen durch den Canalis adductorius, NICHT jedoch der N. femoralis, sondern nur dessen sensibler Endast, der N. saphenus (beliebte Fangfrage im schriftlichen Examen).

Canalis adductorius	– N. saphenus – A. femoralis – V. femoralis

Tab. 39: Canalis adductorius

3.4.5 Fossa poplitea

Die Kniekehle (Fossa poplitea) ist rautenförmig. Oben wird sie lateral vom M. biceps femoris und medial vom M. semimembranosus zusammen mit dem M. semitendinosus begrenzt. Kaudal bilden die Köpfe des M. gastrocnemius die Begrenzung der Raute. In ihr liegen oberflächlich die Äste des N. ischiadicus (N. fibularis und N. tibialis), etwas tiefer die V. poplitea und ganz tief die A. poplitea.

3.4.6 Zusätzliches zur Topografie

Folgende Vokabeln aus der Klinik werden auch in den Physikumsfragen gebraucht.

Fußdeformitäten:
- Pes equinuus = Spitzfuß
  Bei Lähmung des N. fibularis profundus, da dann keine Dorsalextension mehr möglich ist und der Fuß in Plantarflexion steht.
- Pes calcaneus = Hackenfuß
  Bei Lähmung des N. tibialis; hier ist keine Plantarflexion mehr möglich und der Fuß steht in Dorsalextension.
- Pes varus = Klumpfuß
  Angeborene Fehlstellung mit Kombination aus Spitzfußstellung, Supination des Rückfußes, Supination und Adduktion des Vorfußes sowie Hohlfußstellung.

Traglinie:
Die Traglinie des Körpergewichts sollte optimalerweise durch den Femurkopf, die Mitte des Tibiaplateaus und die Mitte des oberen Sprunggelenkes verlaufen.
- Genu varum = „O-Beine" (an sich „O-Knie"): Hier läuft die Traglinie medial am Knie vorbei.
- Genu valgum = „X-Beine" (an sich „X-Knie"): Hier läuft die Traglinie lateral am Knie vorbei.

DAS BRINGT PUNKTE

Die **Bänder im Becken** werden oft gefragt. Sie sind sehr verwirrend und können leicht verwechselt werden. Also Vorsicht, gerade bei Bildfragen!

- Lig. sacrotuberale und Lig. sacrospinale:
  - Diese beiden bilden das Foramen ischiadicum majus und minus,
  - Ursprung und Ansatz ergeben sich aus den Namen.
- Membrana obturatoria:
  - Sie bedeckt das knöcherne Foramen obturatorium zwischen Os pubis und Os ischiadicum.
  - Ein Loch in der Membrana obturatoria heißt Canalis obturatorius (s. Topografie S. 36).

Eine typische Fall gibt es bei der Frage nach dem Canalis obturatorius und dem Canalis pudendalis, denn diese beiden liegen dicht beieinander, haben aber nichts gemeinsam (s. Topografie Abb. 44, S. 54).

Auch **Hüft- und Kniegelenk** sind in jedem Physikum zu finden. Besonders die Bänder beider Gelenke sind ein beliebtes Thema für Bildfragen, wobei die Kreuzbänder in der Beliebtheitsskala ganz oben stehen. Daneben kommt auch die unhappy triad manchmal dran.

- unhappy triad: vorderes Kreuzband, Innenmeniskus, mediales Kollateralband.
- Vorderes Kreuzband verläuft wie Hosentasche.
- Vorderes Kreuzband hemmt Innenrotation.
- Vorderes Kreuzband ist für passive Schlussrotation verantwortlich.

Die schriftlichen Fragen zum oberen und unteren **Sprunggelenk** sind recht einfach, wenn du dir klar machst, dass

- im OSG nur Dorsalextension und Plantarflexion,
- im USG nur Pronation und Supination durchgeführt werden können;
- beim typischen Umknicken die lateralen Bänder des OSG reißen, die medialen jedoch nicht zerstört werden.

Die **Hüftmuskulatur** – gerade der M. iliopsoas und der M. glutaeus medius – ist Thema der schriftlichen Wort- und Bildfragen. Ein Ausfall des M. glutaeus medius führt zum Trendelenburg-Zeichen mit Beckenhochstand auf der betroffenen Seite.

- Der M. glutaeus medius wird vom N. glutaeus superior innerviert und ist als Abduktor in der Standbeinphase für die Stabilisierung der Beckenebene verantwortlich.
- Bei Ausfall des M. glutaeus medius kommt es zum Trendelenburg-Zeichen.
- Der M. iliopsoas ist der stärkste Beuger der Hüfte.
- Der N. femoralis verläuft zwischen den beiden Köpfen des M. iliopsoas (s. Abb. 44, S. 54).
- Der M. piriformis unterteilt das Foramen ischiadicum majus in ein Foramen supra- und infrapiriforme (s. Abb. 43, S. 54).

Auch das **Pes anserinus** wird oft gefragt. Wissen solltest du, dass es aus dem M. gracilis, dem M. semitendinosus und dem M. sartorius gebildet wird. Der M. semimembranosus gehört dagegen NICHT dazu.

- Das Pes anserinus an der medialen Tibia ist der gemeinsame Ansatzort für den M. sartorius, M. gracilis und M. semitendinosus.
- Der M. biceps femoris ist der einzige Außenrotator am Kniegelenk, außerdem werden seine beiden Köpfe unterschiedlich innerviert: Caput longum durch den N. tibialis, Caput breve durch den N. fibularis communis.

DAS BRINGT PUNKTE

Am Unterschenkel sind die **Mm. peronei** die Lieblingskandidaten. Ihre Funktion beginnt, wie sie selbst, mit dem Buchstaben „P“: Plantarflexion und Pronation.

Der **Verlauf der A. femoralis** durch den Adduktorenkanal und die aus ihr entstehenden Äste werden gerne gefragt. Auch die Zuordnung der Arterien zu den Muskellogen gehört zum notwendigen Wissen fürs Schriftliche.
Achtung: Die Adduktoren werden über die A. obturatoria mit Blut versorgt, die ihrerseits aus der A. iliaca interna stammt.

- A. femoralis versorgt die Extensoren und über die A. profunda femoris die Flexoren am Oberschenkel;
- V. saphena magna liegt medial epifaszial am Bein und mündet am Venenstern in die V. femoralis.
- V. saphena parva liegt lateral epifaszial am Unterschenkel und mündet in die V. poplitea.

In jedem Physikum waren bisher die **Nerven des Plexus lumbosacralis** Thema. Dabei wurde immer die Zuordnung eines Nerven zu einem der beiden Plexus gefragt. Besondere Vorsicht ist bei den kleinen Nerven geboten: Beispielsweise ist der N. cutaneus femoris lateralis – obwohl kaum zu sehen – ein eigenständiger Nerv aus dem Plexus lumbalis und nicht etwa irgendein Endast eines größeren Nerven.

- N. femoralis liegt zwischen den Bäuchen des M. iliopsoas und spaltet sich rasch – nachdem er unterm Leistenband hindurchgelaufen ist – in seine Endäste auf; der wichtigste davon ist der rein sensible N. saphenus, der durch den Adduktorenkanal verläuft.
- N. ischiadicus ist der dickste Nerv im Körper und teilt sich nach seinem Durchtritt durch das Foramen infrapiriforme in den N. tibialis und den N. fibularis.
- N. obturatorius verläuft durch den Canalis obturatorius zu den Adduktoren.
- N. glutaeus superior versorgt u. a. den M. glutaeus medius, bei dessen Ausfall das Trendelenburg-Zeichen auftritt.
- Der N. suralis eignet sich zur Nerven-Probeexzision, da er leicht aufzufinden (epifascial hinter dem Außenknöchel) und der Funktionsverlust vergleichsweise gering ist. Dieses diagnostische Mittel kommt bei Nervenerkrankungen zum Einsatz.

Es gab noch nie ein Physikum ohne die **Topografie der unteren Extremität**. Also solltest du dir dieses Thema sehr genau ansehen. Neue Lieblingsthemen im Physikum sind das **Chiasma crurale** und das **Chiasma plantare**:

- Chiasma crurale: Am Innenknöchel überkreuzt die Sehne des M. flexor digitorum longus die Sehne des M. tibialis posterior.
- Chiasma plantare: In der Fußsohle überkreuzt die Sehne des M. flexor digitorum longus die Sehne des M. flexor hallucis longus.

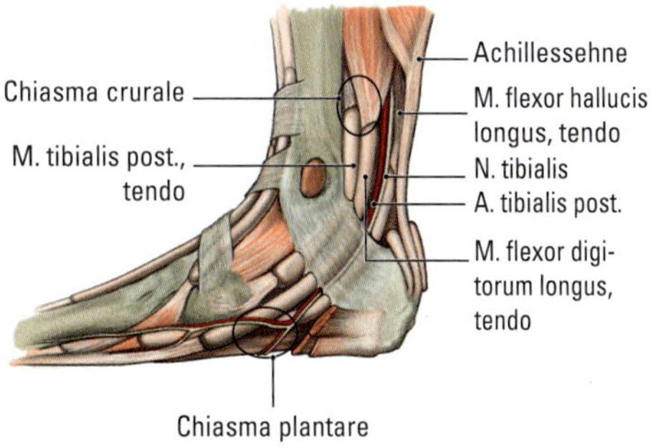

Abb. 45: Innenknöchel *medi-learn.de/ana5-45*

DAS BRINGT PUNKTE

Die verschiedenen Durchtrittsstellen in der **Regio glutealis** werden immer wieder sowohl in Bild- als auch Wortfragen geprüft. Ganz genauso verhält es sich mit der **Regio inguinalis**, wobei hier das besondere Interesse auf der Tatsache liegt, dass die A. femoralis lateral der V. femoralis verläuft. Ebenso wird oft nach dem N. femoralis gefragt, der zwischen den Muskelköpfen des M. iliopsoas verläuft.
Um mit der Regio glutealis zu punkten, solltest du dir Tab. 36, S. 54 einprägen. Zur Regio subinguinalis empfiehlt es sich, die Inhalte von Tab. 38, S. 55 parat zu haben.

Vorsicht ist bei Fragen nach dem Canalis obturatorius und dem Canalis pudendalis geboten, da beide dicht beieinander liegen aber nichts gemeinsam haben!
Und noch eine Bemerkung zum Canalis adductorius: Zwar laufen Arteria und Vena femoralis hindurch, nicht aber der N. femoralis, sondern nur sein sensibler Endast, der N. saphenus.

FÜRS MÜNDLICHE

Die untere Extremität hast du nun fleißig bearbeitet und dir alles gut eingeprägt. Nun wird es Zeit, dein Wissen auf die Probe zu stellen. Dazu hier die gesammelten Fragen aus unserer Prüfungsprotokoll-Datenbank.

1. **Bitte erläutern Sie, welche Funktion die Kreuzbänder haben.**
2. **Erklären Sie bitte die Funktion der Patella.**
3. **Wie teilen Sie die Sprunggelenke ein?**
4. **Erklären Sie bitte, was bei der typischen Verletzung im Sprunggelenk passiert.**
5. **Bitte erläutern Sie, welche Bänder das Hüftgelenk sichern.**
6. **Bitte nennen Sie die Funktion des M. biceps femoris.**
7. **Bitte erläutern Sie, wie die Adduktoren des Oberschenkels innerviert werden.**
8. **Bitte nennen Sie die Muskeln, welche die Achillessehne bilden.**
9. **Sagen Sie, welcher Kopf des M. quadriceps femoris ist zweigelenkig?**
10. **Nennen Sie bitte die Muskeln, welche einen „Steigbügel" um das Sprunggelenk bilden.**
11. **Wissen Sie, welche Funktion nach Ausfall des Nervus tibialis am Unterschenkel eingeschränkt ist?**
12. **Bitte erklären Sie, wie die Oberschenkelinnenseite sensibel innerviert wird.**
13. **Bitte nennen Sie den sensiblen Endast des N. femoralis. Wo läuft er hindurch?**
14. **Erklären Sie bitte, wo die A. femoralis unter dem Leistenband durchzieht.**
15. **Wissen Sie, wie der dickste Nerv des Körpers heißt?**

FÜRS MÜNDLICHE

16. Erläutern Sie, wie die Adduktoren und die Flexoren des Oberschenkels mit Blut versorgt werden.

17. Bitte nennen Sie den Nerv, der motorisch für die Flexoren im Ober- und Unterschenkel verantwortlich ist.

18. Bitte erläutern Sie, welcher Muskel sowohl vom N. tibialis als auch vom N. fibularis versorgt wird.

19. Bitte erläutern Sie, wo hindurch der N. ischiadicus verläuft.

20. Erklären Sie bitte die Beziehung des N. femoralis zur Muskulatur.

21. Erläutern Sie bitte, welcher weitere Nerv neben dem N. femoralis durch die Lacuna musculorum läuft.

22. Bitte erklären Sie, wodurch die Lacuna musculorum und die Lacuna vasorum voneinander getrennt sind.

23. Erklären Sie, welches Gefäß in der Lacuna vasorum medial liegt.

24. Nennen Sie bitte die Strukturen, die den Adduktorenkanal bilden.

25. Erläutern Sie bitte, welcher Nervenausfall Ursache des Trendelenburg-Zeichens ist und durch welches Foramen dieser Nerv läuft.

Das Knie ist das größte Gelenk im Körper und hat sehr viele Bänder, die häufig Thema mündlicher Prüfungen sind. Dass es sich um ein Drehscharniergelenk handelt, gehört ebenso zum Standardwissen wie die Funktion und der Verlauf der Kreuzbänder. Übrigens: Der einzige Außenrotator im Kniegelenk ist der M. biceps femoris (s. Tab. 32, S. 49).
Auch die Sprunggelenke sind beliebte Themen. Du musst zwar nur selten die einzelnen Bänder zeigen, dennoch solltest du gerade die des OSG schon einmal gesehen haben und sie finden können.

1. Bitte erläutern Sie, welche Funktion die Kreuzbänder haben.
Sie stabilisieren das Knie in der Horizontalebene. Vorderes Kreuzband ist vor allen anderen bei der Extension straff und sorgt für die passive Schlussrotation.

2. Erklären Sie bitte die Funktion der Patella.
Sie dient als Hypomochlion, also als Umlenkrolle, um den Kraftarm auf den Unterschenkel zu vergrößern.

3. Wie teilen Sie die Sprunggelenke ein?
OSG zwischen Malleolengabel und Talus für Dorsalextension und Plantarflexion.
USG zwischen Talus, Calcaneus und Naviculare für Pronation und Supination.

4. Erklären Sie bitte, was bei der typischen Verletzung im Sprunggelenk passiert.
Supinationstrauma mit Riss der lateralen Bänder des OSG.

5. Bitte erläutern Sie, welche Bänder das Hüftgelenk sichern.
Ligg. ilio-, pubo- und ischiofemorale.

Neben den fürs Schriftliche genannten Themen gibt es eine speziell im Mündlichen gern gestellte Falle: Die Sehne vom M. plantaris ist lang und dünn, sie läuft medial am Unterschenkel zur Achillessehne hinab und wird leicht mit einem Nerven oder einem Gefäß verwechselt. Die solltest du dir vor der Prüfung einmal angesehen haben und auch im Präparat wiedererkennen können.

FÜRS MÜNDLICHE

6. Bitte nennen Sie die Funktion des M. biceps femoris.
Hüfte: Extension
Knie: Flexion und Außenrotation

7. Bitte erläutern Sie, wie die Adduktoren des Oberschenkels innerviert werden.
Über den Nervus obturatorius.

8. Bitte nennen Sie die Muskeln, welche die Achillessehne bilden.
M. gastrocnemius, M. plantaris, M. soleus.

9. Sagen Sie, welcher Kopf des M. quadriceps femoris ist zweigelenkig?
M. rectus femoris.

10. Nennen Sie bitte die Muskeln, welche einen „Steigbügel" um das Sprunggelenk bilden.
M. tibialis anterior und die Mm. peronei.

11. Wissen Sie, welche Funktion nach Ausfall des Nervus tibialis am Unterschenkel eingeschränkt ist?
Plantarflexion, da die Wadenmuskulatur ausfällt.

Auch in der mündlichen Prüfung sind die A. obturatoria und ihr Ursprung immer wieder Thema. Die beliebtesten Nerven im Mündlichen sind der N. femoralis und der N. ischiadicus. Gerade der Ischiadicus kann aufgrund seiner Größe sehr leicht detektiert werden und eignet sich außerdem gut dazu, seine Endäste abzufragen. Besondere Vorsicht gilt beim N. genitofemoralis, da sein Oberschenkelast – der Ramus femoralis – gerne mit dem Nervus femoralis verwechselt wird.

12. Bitte erklären Sie, wie die Oberschenkelinnenseite sensibel innerviert wird.
Oberer Anteil: Ramus femoralis des N. genitofemoralis. Unterer Anteil: N. obturatorius.

13. Bitte nennen Sie den sensiblen Endast des N. femoralis. Wo läuft er hindurch?
N. saphenus, durch den Adduktorenkanal.

14. Erklären Sie bitte, wo die A. femoralis unter dem Leistenband durchzieht.
Durch die Lacuna vasorum.

15. Wissen Sie, wie der dickste Nerv des Körpers heißt?
N. ischiadicus; er ist aber nicht der längste, da er sich rasch in seine Hauptäste – N. tibialis und N. fibularis – teilt.

16. Erläutern Sie, wie die Adduktoren und die Flexoren des Oberschenkels mit Blut versorgt werden.
A. obturatoria für die Adduktoren. Rami perforantes der A. profunda femoris für die Flexoren.

17. Bitte nennen Sie den Nerv, der motorisch für die Flexoren im Ober- und Unterschenkel verantwortlich ist.
N. tibialis.

18. Bitte erläutern Sie, welcher Muskel sowohl vom N. tibialis als auch vom N. fibularis versorgt wird.
M. biceps femoris.

Die Topografie ist im Beckenbereich anspruchsvoll. Deshalb solltest du dir vor der Prüfung die Regio glutealis und subinguinalis noch einmal genau anschauen. Wer hier sicher eine Struktur auffinden und benennen kann, hinterlässt immer einen guten Eindruck. Auch im Mündlichen gilt: Canalis obturatorius und Canalis pudendalis sind zwei verschiedene Angelegenheiten. Ein kurzer Hinweis auf die lokale Nähe, aber ansonsten getrennten Eigenschaften zeigt dem Prüfer, dass der Prüfling über diese Spitzfindigkeit nachgedacht hat und hinterlässt sicherlich einen guten Eindruck.

19. Bitte erläutern Sie, wo hindurch der N. ischiadicus verläuft.
Foramen infrapiriforme, danach rasche Aufteilung in seine Hauptäste N. tibialis und N. fibularis.

20. Erklären Sie bitte die Beziehung des N. femoralis zur Muskulatur.
Er liegt zwischen den Bäuchen des M. iliopsoas und durchtritt mit ihm die Lacuna musculorum, dann rasche Aufteilung in seine Endäste. Nur der sensible N. saphenus gelangt mit durch den Canalis adductorius.

21. Erläutern Sie bitte, welcher weitere Nerv neben dem N. femoralis durch die Lacuna musculorum läuft.
N. cutaneus femoris lateralis.

22. Bitte erklären Sie, wodurch die Lacuna musculorum und die Lacuna vasorum voneinander getrennt sind.
Arcus iliopectineus.

23. Erklären Sie, welches Gefäß in der Lacuna vasorum medial liegt.
V. femoralis (A. femoralis liegt lateral).

24. Nennen Sie bitte die Strukturen, die den Adduktorenkanal bilden.
- M. vastus medialis
- Mm. adductores
- Membrana vastoadductoria.

25. Erläutern Sie bitte, welcher Nervenausfall Ursache des Trendelenburg-Zeichens ist und durch welches Foramen dieser Nerv läuft.
N. glutaeus superior, durch das Foramen suprapiriforme.

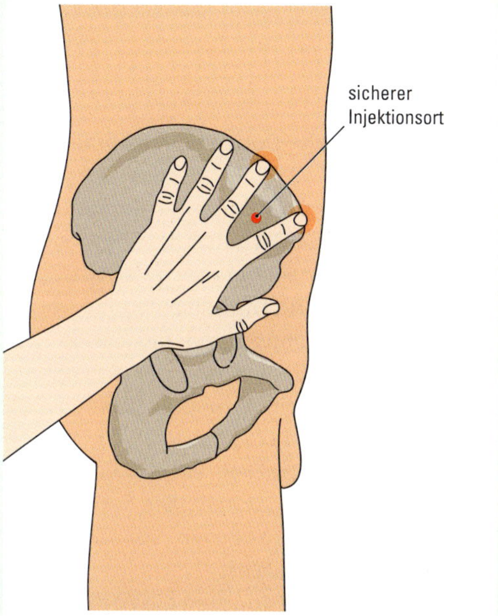

Abb. 46: Intragluteale Injektion

medi-learn.de/ana5-46

Pause

Du hast jetzt auch Nervennahrung verdient: Hole dir was Leckeres und mache eine Pause.

4 Leibeswand

Fragen in den letzten 10 Examen: 12

Die Leibeswand wird häufig etwas stiefkindlich behandelt. Aber Vorsicht: Auch dieses Thema ist prüfungsrelevant. In den letzten Jahren wurden immer häufiger Fragen zur Wirbelsäule und ihren Bändern, zur Bauchmuskulatur und den Gefäßen gestellt. Dieses Thema umfasst weit mehr als nur Zwerchfell und Leistenbrüche.

4.1 Wirbelsäule (Columna vertebralis)

Die Wirbelsäule bildet mit ihrer **doppelten S-Form** das Stützgerüst unseres Körpers. Die Halswirbelsäule stellt eine nach vorne zeigende Lordose, die Brustwirbelsäule eine entgegengerichtete Kyphose und die Lendenwirbelsäule wieder eine Lordose dar. Kreuz- und Steißwirbel bilden eine Kyphose. Diese charakteristische Form hat die Wirbelsäule nicht von Geburt an. Sie entwickelt sich, während wir den aufrechten Gang lernen. Die S-Form entsteht nicht durch die Knochen, sondern durch die **Disci intervertebrales**.

Insgesamt bilden 33 Knochen die Wirbelsäule:
- **sieben Halswirbel** (HWK),
- **zwölf Brustwirbel** (BWK) mit Gelenken zu den Rippen,
- **fünf Lendenwirbel** (LWK),
- fünf Kreuzwirbel,
- vier Steißbeinwirbel.

Die Kreuz- und Steißbeinwirbel sind zusammengewachsen. Da die Lendenwirbel am meisten Gewicht tragen müssen, sind sie größer und massiver als die Halswirbel.

Bis auf HWK 1 und HWK 2 haben alle Wirbel eine ähnliche Form, nämlich einen massiven Wirbelkörper (Corpus vertebrae), an dessen dorsaler Kante der Wirbelbogen (Arcus vertebrae) abgeht. Der Bereich des Wirbelbogens, der mit dem Wirbelkörper verwachsen ist, heißt **Pediculus**. Am Wirbelbogen wiederum sitzen die beiden **Processus transversus** (Querfortsätze) und ein **Processus spinosus** (Dornfortsatz). Das dadurch entstehende Loch heißt **Foramen vertebrale**; in ihm ist das Rückenmark eingebettet.

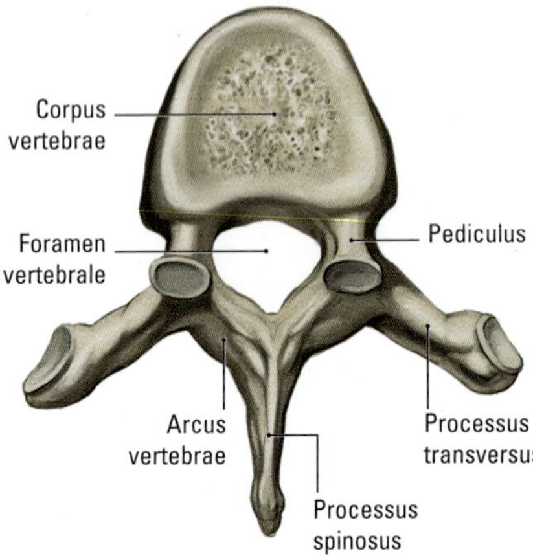

Abb. 47: Wirbel *medi-learn.de/ana5-47*

Im Bereich der Wirbelbögen sind die einzelnen Wirbel mit echten Gelenken untereinander verbunden (**Articulationes intervertebrales** oder auch „Zygapophysialgelenke"). Die Stellung dieser Gelenke variiert; im Halsbereich stehen sie eher frontal, im Lendenbereich eher sagittal. Dadurch ist die Wirbelsäule in den verschiedenen Bereichen unterschiedlich beweglich.

Zwischen zwei Wirbelbögen entsteht auf jeder Seite je ein **Foramen intervertebrale**, durch das die Spinalnerven austreten.

Zwischen den einzelnen Wirbelkörpern liegen die **Disci intervertebrales** (Zwischenwirbelscheiben). Sie bestehen aus dem **Anulus fibrosus** (einem Ring aus Faserknorpel) und in der Mitte aus einem geleeartigen Nucleus pulposus. Der Faserknorpel ist fest mit den Wirbelkörpern verwachsen. Da der **Nucleus pulposus** jedoch nicht fest mit dem Faserknorpelring verbunden ist, kann er bei dessen Beschädigung herausrutschen.

Übrigens ...
Dieses Herausrutschen wird im Volksmund Bandscheibenvorfall genannt, obwohl dabei nicht die ganze Bandscheibe, sondern nur der Nucleus vorfällt.

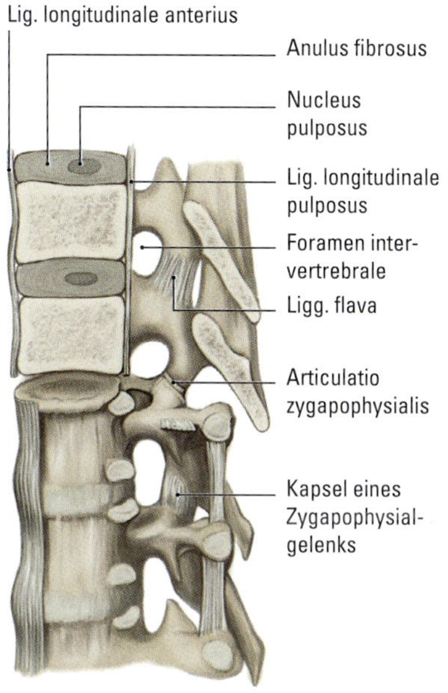

Abb. 48: Bänder Wirbelsäule

medi-learn.de/ana5-48

4.1.1 Halswirbel

Gerade die Halswirbel haben einige besondere Charakteristika:

- C1 heißt Atlas, da er wie der griechische Gott Atlas, der das Himmelsgewölbe trägt, unseren Kopf hält. Er besteht aus einem Knochenring, hat also keinen richtigen Wirbelkörper, sondern nur einen vorderen und hinteren Bogen (Arcus anterior und Arcus posterior). C1 ist im **Atlantooccipital-Gelenk** mit dem Kopf verbunden, in dem Flexion und Extension durchgeführt werden können (Ja-Bewegung).
- C2 heißt **Axis**, da sein Körper einen nach kranial zeigenden **Dens axis** (Zahn) aufweist, der im **Atlantoaxial-Gelenk** mit C1 verbunden ist. Das ist ein Drehgelenk, in dem rotiert werden kann (Nein-Bewegung).
- Das Atlantoaxial-Gelenk wird durch zwei Bänder gesichert: Das **Lig. transversum atlantis** und die **Fasciculi longitudinales**. Zusammen bilden diese Bänder das **Lig. cruciforme**. Sie schützen das Gelenk vor Extrembewegungen und sichern die Medulla oblongata bei einer Densfraktur.
- Die ersten sechs Halswirbel haben **Foramina transversales** (Löcher) in ihren Processus transversales, durch die die A. vertebralis zum Gehirn zieht.
- Die Processus spinosi sind an ihrem Ende gespalten.
- Da der Processus spinosus von C7 besonders groß ist, wird dieser Wirbelkörper Vertebra prominens genannt.
- An den Körpern der Halswirbel ragen an den lateralen Seiten **Unci corpores** (Knochenlamellen) nach kranial auf.

4.1.2 Brustwirbel

Die Brustwirbel sind über Gelenke mit den Rippen verbunden und bilden so zwölf Rippenpaare. Die ersten sieben Rippen sind „echte" Rippen, da sie über einzelne Knorpelspangen mit dem Sternum verwachsen sind. Die achte bis zehnte Rippe sind über eine gemeinsame Knorpelspange am Sternum befestigt, die elfte und zwölfte enden frei in der dorsolateralen Bauchwand.

4.1.3 Lendenwirbel

Da die Lendenwirbel das meiste Gewicht tragen müssen, sind sie besonders groß. Ihre seitlichen Fortsätze sind Rippenrudimente, die daher Processus costales heißen. Die eigentlichen Querfortsätze (Proc. transversi) sind nur noch kleine Processus accessorii.

4.1.4 Bänder der Wirbelsäule

Von den unzähligen Bändern der Wirbelsäule solltest du drei genauer kennen.

- Das **Lig. longitudinale anterius** liegt ventral den Wirbelkörpern an und ist fest mit ihnen verwachsen.
- Auf der Rückseite der Wirbelkörper – innerhalb des Rückenmarkkanals – liegt das **Lig. longitudinale posterius**, das nicht mit den Wirbelkörpern, sondern mit den Disci intervertebrales verwachsen ist.
- Ebenfalls auf der Innenseite des Rückenmarkkanals liegen über den Kapseln der Zygapophysialgelenke die **Ligamenta flava**. Diese beinhalten elastische Fasern (die gelb sind, daher „flavus" für gelb).

Übrigens ...
Alle Ligg. flava zusammen kannst du dir wie ein Gummiband vorstellen, das sich dehnt, wenn wir uns nach vorne beugen. Beim Aufrichten ziehen sich diese Bänder wieder zusammen und nehmen so den Muskeln viel Arbeit ab.

4.2 Rumpfmuskulatur

Die Verspannung der Bauchmuskeln, das Diaphragma und die weiteren Atemmuskeln solltest du sowohl in der schriftlichen als auch mündlichen Prüfung beherrschen. Die autochthone Rückenmuskulatur dient hauptsächlich als Thema für Einleitungsfragen im Mündlichen.

4.2.1 Autochthone Rückenmuskeln

Die autochthone Rückenmuskulatur ist ein sehr unbeliebtes Thema. Trotzdem solltest du einige Informationen – gerade auch für die mündliche Prüfung – parat haben. Das Wort autochthon bedeutet, dass die Muskeln dort, wo sie liegen, entstanden sind. Man spricht daher auch von genuiner oder primärer Muskulatur. Die **autochthonen Rückenmuskeln** werden von den **Rami dorsales** der Spinalnerven innerviert (s. Abb. 56, S. 71). Ihre Funktion besteht darin, den Körper in der **aufrechten Position** zu halten. Zum Aufrichten werden zusätzlich die Ligg. flava benötigt.

Man kann die autochthone Rückenmuskulatur in einen **medialen** und einen **lateralen Trakt** einteilen und jeden davon wiederum in drei Systeme. Diese bisher genannten Fakten solltest du kennen. Darüber hinaus gibt es eine Unzahl von Muskeln, die den einzelnen Systemen zugeordnet werden, aber bislang nicht im Schriftlichen gefragt wurden.

Medialer Trakt

Transversospinales System:
- M. semispinalis thoracis, cervicis, capitis
- Mm. multifidii
- Mm. rotatores lumborum thoracis, cervicis

Interspinales System

Spinales System:
- Mm. interspinales lumborum, thoracis, cervicis
- M. spinalis thoracis, cervicis, capitis
- M. rectus capitis post. maj. et min.

Lateraler Trakt

Intertransversales System:
- Mm. intertransversarii med. lumborum, thoracis, cervicis
- M. obliquus capitis sup.

Spinotransversales System:
- M. splenius capitis
- M. splenius cervicis
- M. obliquus capitis inf.

Sakrospinales System:
- M. iliocostalis lumborum, thoracis, cervicis
- M. longissimus thoracis, cervicis, capitis

Tab. 40: Überblick über die autochthone Rückenmuskulatur

4.2.2 Brustmuskulatur

Der Großteil der Brustmuskulatur wurde beim Thema obere Extremität (s. Tab. 10 und 11, S. 17 f.) besprochen. Hier folgen nun diejenigen, deren Hauptfunktion die Atmung ist.

Name	Funktion	Innervation
Mm. intercostales externi	Inspiration	Interkostalnerven
Mm. intercostales interni	Exspiration	
Mm. intercostales intimi	Exspiration	

Tab. 41: Brustmuskulatur

Die Mm. intercostales intimi sind Abspaltungen der Mm. intercostales interni und dienen ebenfalls der Exspiration.

4.2.3 Diaphragma

Das **Diaphragma** (Zwerchfell) ist der **Hauptatemmuskel**. Er dient der **Inspiration**. Der Begriff Diaphragma bedeutet, dass dieser Muskel flächig aufgespannt ist. Er trennt Brust- und Bauchhöhle. In seinem Zentrum liegt eine Sehnenplatte, das **Centrum tendineum**, von dem aus die Muskelfasern radiär (wie die Speichen eines Rades) zur Bauchwand ausstrahlen.

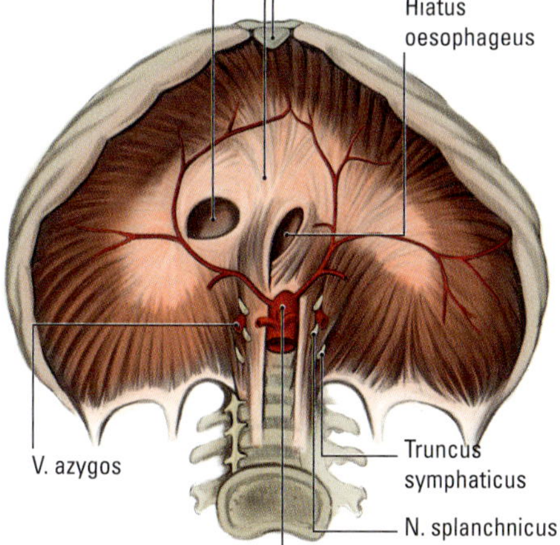

Abb. 49: Diaphragma *medi-learn.de/ana5-49*

Im Ruhezustand bildet das Diaphragma eine Kuppel. Wird es aktiviert, ziehen die Muskelfasern die Kuppel nach unten und sie flacht ab. Dadurch wird das intrathorakale Volumen größer und wir atmen ein. Die Innervation erfolgt über den **N. phrenicus**, der aus den ventralen Ästen der Spinalnerven C3 bis C5 gebildet wird.

Merke!

C3, 4, 5 keep the diaphragma alive.

Alle Organe, die von der Brust- in die Bauchhöhle oder umgekehrt wollen, müssen durch das Zwerchfell. Daher hat es an unterschiedlichen Stellen folgende Durchtritte:

Durchtrittsstelle	Organ
Hiatus aorticus	– Aorta – Ductus thoracicus
Hiatus oesophageus	– Ösophagus – Truncus vagalis ant. und post. – R. phrenicoabdominalis des linken N. phrenicus
Foramen venae cavae	– V. cava inferior – R. phrenicoabdominalis des rechten N. phrenicus
Medialer Lumbalspalt	– N. splanchnicus maj. – V. azygos (rechts) – V. hemiazygos (links)
Lateraler Lumbalspalt	– Truncus sympathicus – N. splanchnicus minor
Trigonum sternocostale (Larrey-Spalte)	– A. und V. epigastrica superior

Tab. 42: Durchtritte Diaphragma

Muskel	Ursprung	Ansatz	Innervation	Funktion
M. rectus abdominis	5.–7. Rippenknorpel Proc. xiphoideus	– Symphysis pubica	Spinalnerven: Th5–Th12	– Rumpfbeugung – Exspiration – Bauchpresse
M. obliquus ext. abdominis	Außenfläche 5.–12. Rippe	– vorderes Blatt der Rektusscheide – Linea alba	Spinalnerven: Th5–Th12	– Flexion – Rotation zur kontralateralen Seite
M. obliquus int. abdominis	Crista iliaca Fascia thoracolumbalis	– 9.–12. Rippe – Linea alba	Spinalnerven: Th10–Th12	– Flexion – Rotation zur gleichen Seite
M. transversus abdominis	Innenfläche der sechs kaudalen Rippen	– hinteres Blatt der Rektusscheide	Spinalnerven: Th12–L1	– Bauchpresse

Tab. 43: Überblick über die Bauchmuskulatur

4.2.4 Bauchmuskulatur

Die Bauchmuskeln „verspannen" den Bauch in drei Richtungen: von oben nach unten, schräg und zu den Seiten. Die schräge Verspannung wird aus dem **M. obliquus internus** und dem **M. obliquus externus** der kontralateralen Seite gebildet. Der **M. rectus abdominis** (Waschbrett/Six-Pack am Bauch) verspannt von oben nach unten. Er hat eine **Rektusscheide** auf seiner ventralen Seite, die auf der Rückseite nur die obere Hälfte des Muskels bedeckt und sich von da wieder nach oben um den **M. transversus abdominis** schlägt. Dieser Rand heißt **Linea arcuata** und wird beim Thema Leistenbrüche (s. Abb. 54, S. 68) interessant. Der M. transversus abdominis übernimmt die transversale Verspannung.

Die Funktionen und der Verlauf der schrägen Bauchmuskeln lassen sich an einem Beispiel leichter verstehen:

Der rechte M. obliquus ext. abdominis verläuft wie die rechte vordere Hosentasche. Seine Funktion ist es, die rechte Schulter zum linken Fuß zu ziehen.

Genau den gleichen Verlauf und die gleiche Funktion hat der gegenüberliegende (also linke) M. obliquus int. abdominis.

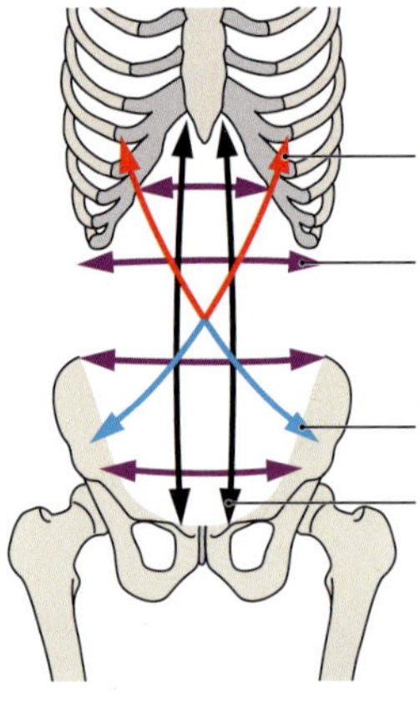

Abb. 50: Bauchmuskeln *medi-learn.de/ana5-50*

4.3 Gefäße der Leibeswand

Hier gibt es zwar nur wenige Gefäße, die dafür aber umso wichtiger sind.

Aus der Aorta kommen die

- **A. subclavia** und aus der wiederum die
  - **A. thoracica int. (A. mammaria)**. Dieses Gefäß läuft auf der Innenseite desThorax beiderseits des Sternums herunter, tritt durch das **Trigonum sternocostale** und heißt dann **A. epigastrica superior**. Unterhalb des Nabels heißt sie **A. epigastrica inferior** (sie bildet die **Plica umbilicalis**

lat.) und mündet in die **A. iliaca externa**. Das ist eine große Anastomose, da über diesen Weg Blut in die Beine gelangen kann, ohne die Aorta zu benutzen.

- **A. intercostalis suprema**. Aus ihr stammen die ersten beiden Interkostalarterien, die als Anastomose in der A. thoracica int. enden.

– **Aa. intercostales**. Die Interkostalarterien verlaufen am Rippenunterrand und münden **als Anastomosen in die A. thoracica interna**.

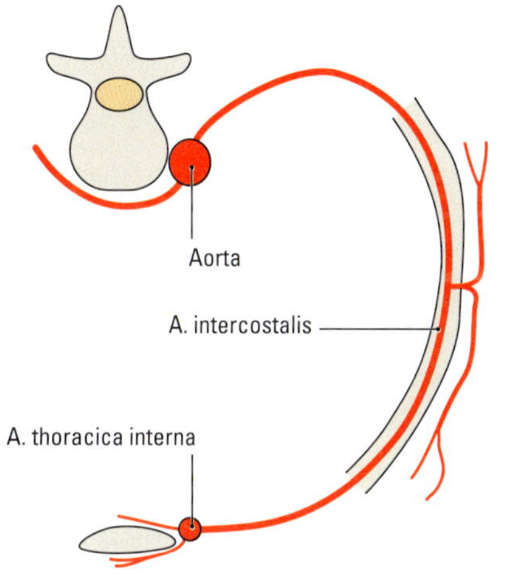

Abb. 51: A. intercostalis *medi-learn.de/ana5-51*

Die Venenverläufe gleichen denen der Arterien, bis auf eine wichtige Ausnahme:

– das **Azygos-System**:
Die Interkostalvenen münden linksseitig in die links der Wirbelsäule gelegene **V. hemiazygos**, die Interkostalvenen der rechten Seite münden in die rechts der Wirbelsäule gelegenen **V. azygos**.

Die **V. hemiazygos mündet in die V. azygos**, die dann **in die V. cava superior** fließt.

4.4 Topografie der Bauchwand

Die Topografie der Bauchwand hat große Relevanz für die Klinik (Leistenbrüche) und daher auch für das schriftliche Examen. Bis jetzt gab es noch kein Physikum ohne Fragen zum Canalis inguinalis/zu den Leistenbrüchen. Also Augen auf, Aufmerksamkeit geschärft und ran an den Speck ...

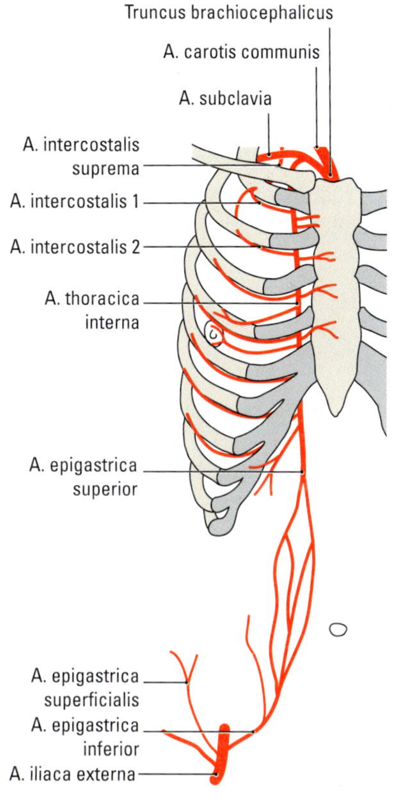

Abb. 52: Gefäße Leibeswand

medi-learn.de/ana5-52

4.4.1 Canalis inguinalis

Der **Canalis inguinalis** (Leistenkanal) hat sowohl einen **Anulus inguinalis profundus** (eine innere Öffnung), der sich lateral der **Plica umbilicalis lateralis** befindet, als auch einen **Anulus inguinalis superficialis** (eine äußere Öffnung, s. IMPP-Bild 1 im Anhang S. 80). Er ist beim Mann die Verbindung von der Bauchhöhle zum Hoden, in der der **Funiculus spermaticus** (Samenstrang) verläuft. Bei der Frau verbindet er die Bauchhöhle mit den großen Schamlippen und enthält das **Ligamentum te-**

4

res uteri. Seine Begrenzungen sind nach ventral der M. obliquus externus, nach kranial der M. obliquus internus und der M. transversus abdominis, nach dorsal die Fascia transversalis und das Peritoneum und nach kaudal das Lig. inguinale (Leistenband).
Der Funiculus spermaticus enthält den Ductus deferens, den M. cremaster, die A. testicularis, den venösen Plexus pampiniformis, der sich zur V. testicularis vereint, den R. genitalis des N. genitofemoralis und den N. ilioinguinalis.

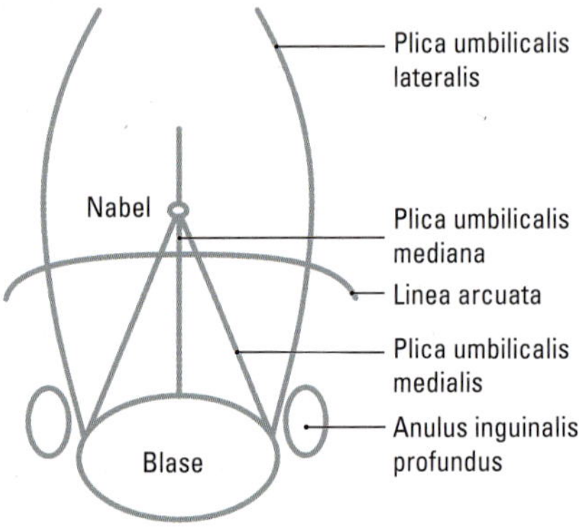

Abb. 53: Plicae umbilicales

medi-learn.de/ana5-53

4.4.2 Leistenbrüche (Leistenhernien)

Leistenbrüche sind Aussackungen des Peritoneums entweder durch den Leistenkanal (indirekter Bruch) oder durch den M. transversus abdominis (direkter Bruch).
Bevor wir die Leistenbrüche genauer anschauen, noch einige Begriffe zur Anatomie:
Plicae umbilicales sind Falten, die sich auf der Innenseite der Bauchwand durch verschiedene Strukturen bilden. Insgesamt gibt es fünf dieser Falten:

- Eine **Plica umbilicalis mediana** = ehemals der **Urachus/Allantois** (die embryologische Verbindung von der Kloake durch den Nabel zum Dottersack),
- **zwei Plicae umbilicales mediales = ehemalige Nabelarterien,**
- **zwei Plicae umbilicales laterales = A. epigastrica inferior**

Die **Linea arcuata** wird vom hinteren Blatt der Rektusscheide gebildet, die auf der Rückseite des M. rectus abdominis nur die halbe Strecke herunterläuft und sich dann nach oben um den M. transversus abdominis schlägt. Dadurch ist die Bauchwand unterhalb der Linea arcuata relativ dünn (sie besteht ja nur aus

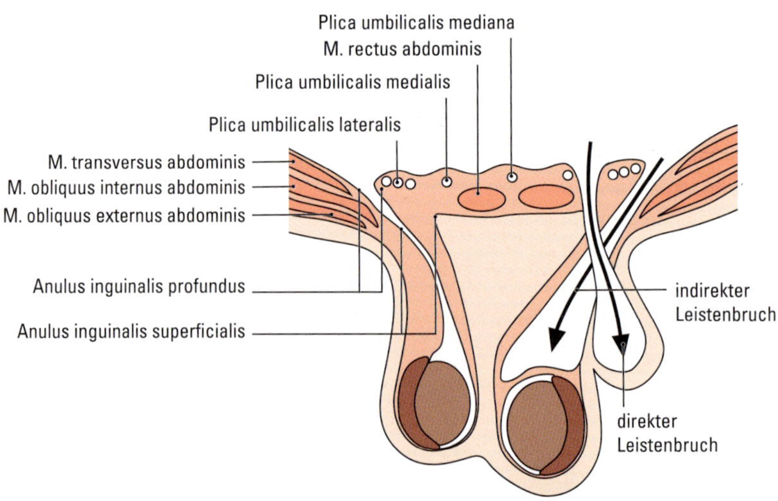

Abb. 54: Leistenbrüche

medi-learn.de/ana5-54

dem M. rectus abdominis und seiner vorderen Rektusscheide), darüber relativ fest (M. rectus abdominis und M. transversus abdominis sowie drei Blätter der Rektusscheide). Ein Bruch wird den Weg des geringsten Widerstandes nehmen und daher unterhalb der Linea arcuata die Bauchwand durchbrechen. So, und jetzt endlich zu den schon so oft angekündigten Leistenbrüchen:

Drückt sich das Peritoneum durch den Leistenkanal, spricht man von einem indirekten Leistenbruch oder angeborenen Leistenbruch. Da er als Eingang den Anulus inguinalis profundus benutzt, der sich ja lateral der Plica umbilicalis lateralis befindet, sagt man häufig auch lateraler Leistenbruch. Der direkte Leistenbruch drückt sich medial der Plica umbilicalis lateralis durch die Bauchwand und wird auch erworbener Leistenbruch genannt.

Merke!

- **Dr**. **med**. (**d**irekt **med**ial)
- **Al**a (**a**ngeboren **l**ateral)

Übrigens ...
Die typische Differentialdiagnose zum Leistenbruch ist die – fast nur bei Frauen vorkommende – **Femoralishernie**. Hier stülpt sich der Bruchsack durch den medialen Anteil der Lacuna vasorum, die normalerweise durch das Septum femorale verschlossen ist.

4.5 Beckenboden

Der Beckenboden besteht aus zwei Diaphragmen (flächige Muskeln) und einem Muskel. Diese drei Strukturen bilden zusammen die **Fossa ischioanalis** (einen Hohlraum). Jede der Strukturen hat Faszien, sodass es eigentlich die Faszien sind, die die Fossa ischioanalis begrenzen.

- Das **Diaphragma pelvis** wird vom M. levator ani gebildet. Du kannst es dir wie eine Schale vorstellen, in der die Beckeneingeweide liegen. In ihrem tiefsten Punkt hat diese Schale Durchtrittsstellen für den Anus und die Vagina. Eine obere und eine untere Faszie bedecken das Diaphragma pelvis (Fascia diaphragmatis pelvis sup. und inf.). Die inferiore Faszie begrenzt dabei die **Fossa ischioanalis** nach oben.

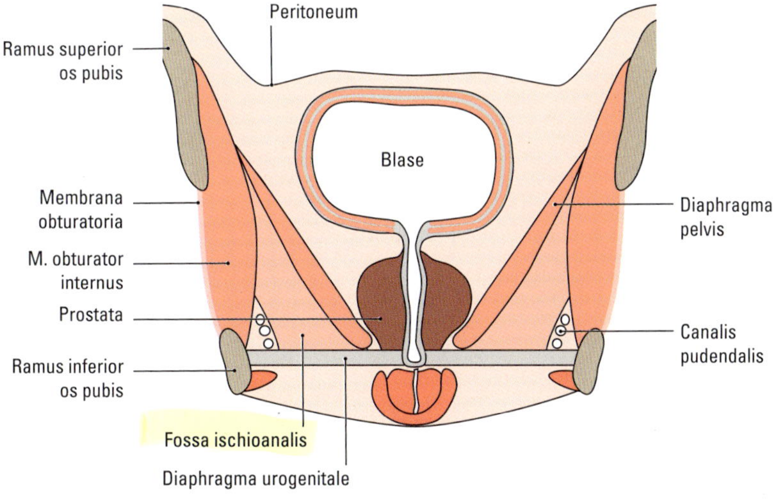

Abb. 55: Beckenboden (von vorne) *medi-learn.de/ana5-55*

Zum Diaphragma pelvis zählen der
- M. levator ani mit seinem M. puborectalis genannten Anteil,
- M. coccygeus.

– Das **Diaphragma urogenitale** spannt sich horizontal zwischen den beiden Rami inferiores der beiden Ossa pubis aus. Es hat eine dreieckige Form (die Spitze zeigt zur Symphyse) und ebenfalls eine superiore und eine inferiore Faszie. Die superiore Faszie begrenzt die Fossa ischioanalis nach unten. Das Diaphragma urogenitale dient den Urogenitalorganen als Anheftungsstelle.
Zum Diaphragma urogenitale zählen der
- M. transversus perinei profundus,
- M. transversus perinei superficialis,
- M. sphincter urethrae.

Und jetzt noch ein ganz besonderes Schmankerl: Die Fascia obturatoria (bitte niemals mit der Membrana obturatoria verwechseln!) hat eine Doppelung innerhalb der Fossa ischioanalis. Diese **Doppelung heißt Alkock-Kanal** oder auch **Canalis pudendalis**, in ihr verlaufen der N. pudendus und die A. und V. pudenda interna.

Das Centrum tendineum perinei liegt am Damm und wird aus folgenden Muskeln aufgebaut:
– M. levator ani,
– M. transversus perinei profundus,
– M. transversus perinei superficialis,
– M. bulbospongiosus,
– M. sphincter ani externus.

4.5.1 Verlauf des N. pudendus

Der N. pudendus versorgt sensibel die Haut am Damm und die Genitalorgane. Extrem wichtig für die Physikumsprüfung ist sein Verlauf. Er verlässt das kleine Becken durch das Foramen infrapiriforme (unterer Anteil des Foramen ischiadicum majus), knickt dann nach kaudal um das Lig. sacrospinale herum ab und geht wieder ins kleine Becken hinein durch das Foramen ischiadicum minus. Innerhalb des Alkock-Kanals (der Fasziendopplung des M. obturatorius int. innerhalb der Fossa ischioanalis) verläuft er dann nach ventral zu den Genitalorganen.

5 Spinalnerv

Fragen in den letzten 10 Examen: 1

Obwohl das Thema Spinalnerv nicht direkt etwas mit dem Bewegungsapparat zu tun hat, werden wir hier die wichtigsten Punkte darstellen. Die Innervation der Muskulatur geschieht über ventrale und dorsale Äste von Spinalnerven, außerdem ist die topografische Beziehung zur Wirbelsäule sehr interessant. Mit anderen Worten: Dieses Thema rundet das Wissen über den Bewegungsapparat ab und verschafft dir nebenbei auch noch wichtige Punkte in der Prüfung.

Diese Schemazeichnung zeigt vereinfacht einen Rückenmarksquerschnitt mit den in diesem Kapitel behandelten Strukturen und Gebieten.

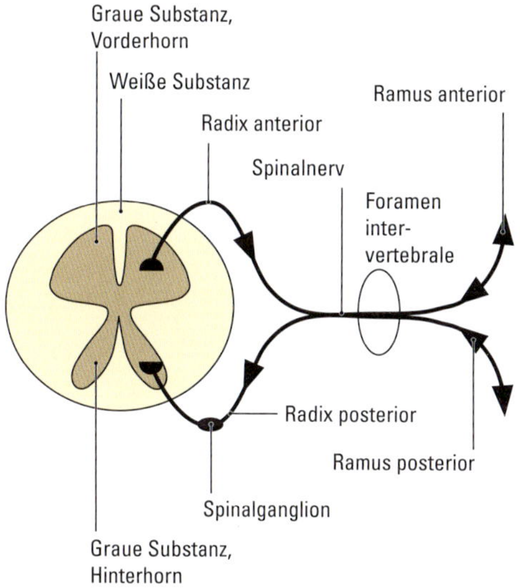

Abb. 56: Spinalnerv *medi-learn.de/ana5-56*

Im Zentrum des Rückenmarks (RM) liegt die graue Substanz. Grau nennt man sie deshalb, weil sie aus Nervenzellkörpern (Perikarien) besteht und diese unter dem Mikroskop grau aussehen. Die graue Substanz ist von der weißen Substanz umgeben, die aus Zellfortsätzen (Nervenfasern) besteht. Deren Myelinscheiden färben sie weiß. Ventral aus dem Rückenmark entspringt die **Radix anterior (vordere Wurzel)**, die **ausschließlich efferente Informationen** leitet. Efferent bedeutet, dass die Aktionspotentiale vom ZNS weg transportiert werden. Hinten ins Rückenmark hinein läuft die **Radix posterior (hintere Wurzel)**. Sie ist **rein afferent**, bringt also Aktionspotentiale zum ZNS hin. Innerhalb der Radix posterior liegt das **Spinalganglion** (hier bitte Vorsicht: Das Spinalganglion liegt NICHT innerhalb des Spinalnerven!). Spinalganglien sind die Nervenzellkörper der afferenten Nerven.

Durch das Spinalganglion laufen die Informationen nur durch, da im Spinalganglion ausschließlich pseudounipolare Nervenzellen liegen. Daher findet innerhalb eines Spinalganglions auch NIEMALS eine Umschaltung auf ein anderes Neuron statt.

Die beiden Radices (Wurzeln) vereinen sich zum Spinalnerv, der damit also sowohl efferente wie auch afferente Informationen leitet. Daher ist er ein gemischter Nerv. Der Spinalnerv verlässt die Wirbelsäule durch ein Foramen intervertebrale und bildet damit die Grenze zwischen zentralem und peripherem Nervensystem. Kurz nach seinem Durchtritt teilt er sich in zwei Äste auf:

- **Ramus anterior,**
- **Ramus posterior.**

Ramus anterior und Ramus posterior sind ebenfalls gemischte Nerven.

Der Ramus anterior eines Spinalnerven vereinigt sich mit anderen Rami anteriores, die dann die peripheren Nerven bilden (z. B. N. radialis, N. femoralis, N. iliohypogastricus usw.). Der Ramus posterior biegt direkt nach dorsal ab und versorgt die autochthone Rückenmuskulatur sowie die Haut über den autochthonen Rückenmuskeln.

Vorsicht: Bitte nicht die Begriffe Ramus und Radix verwechseln!

5.1 Kerngebiete

Die einzelnen Spinalnerven entspringen Kerngebieten. Das sind die Orte, an denen die Perikarien (Zellkörper) der Nervenfasern sitzen, die in den Spinalnerven verlaufen. Bei ganzen Nerven (z. B. N. radialis) erstreckt sich solch ein Kerngebiet leicht mal über mehrere Segmente. Die Frage ist nun, wo solch ein gemischter Nerv seinen Ursprung haben kann?
Nehmen wir als Beispiel den N. radialis. Er entsteht aus den Segmenten C5 bis Th1. Dabei entspringen seine efferenten Anteile aus dem Vorderhorn des Rückenmarks und gelangen durch die Radix anterior und die Rami ventrales der entsprechenden Spinalnerven zu ihm. Die Perikarien seiner afferenten Anteile liegen nicht im Hinterhorn des Rückenmarks, sondern in den Spinalganglien der entsprechenden Radices posteriores. Diese laufen zum Hinterhorn hinein ins Rückenmark und werden dort umgeschaltet (um dann weiter zentralwärts zu ziehen, z. B. zum Gehirn). Somit sind schon zwei Kerngebiete eines peripheren Nervs gefunden:

- Vorderhorn des Rückenmarks,
- Spinalganglien der entsprechenden Radices posteriores.

Darüber hinaus transportiert ein peripherer Nerv noch Fasern des autonomen Nervensystems (**Sympathikus/Parasympathikus**). Die Neurone des Sympathikus haben ihre **Kerngebiete in den Seitenhörnern des thorakalen und lumbalen Rückenmarks**. Da es sich um Efferenzen handelt, verlassen sie das Rückenmark in der Radix anterior und gelangen so zum Spinalnerven. Diesen verlassen sie durch den **Ramus communicans albus** und gelangen dadurch zum sympathischen Grenzstrang. Hier liegen ebenfalls Kerne des sympathischen Systems, und es kann – muss aber nicht – auf andere Neurone umgeschaltet werden. Durch den **Ramus communicans griseus** gelangen nun sympathische Neurone wieder in den Spinalnerven, um dann mit den peripheren Nerven zu ihren jeweiligen Erfolgsorganen zu ziehen. Damit haben wir ein drittes Kerngebiet eines peripheren Nerven gefunden:

- Seitenhörner des thorakalen und lumbalen Rückenmarks oder
- sympathischer Grenzstrang.

Sympathische Nervenfasern benutzen in der Peripherie also andere Nerven, um zu ihren Erfolgsorganen zu gelangen.
Im Kopf ist das anders, denn da lagern sich die sympathischen Nerven den Arterien an, um ihr Ziel zu erreichen.

DAS BRINGT PUNKTE

Die **Wirbelsäule** ist und bleibt ein Lieblingsthema in der schriftlichen Prüfung. Gerade Bildfragen sind in den letzten Jahren häufig gestellt worden. Folgende Strukturen solltest du daher erkennen können:

- Pediculus
- Zygapophysialgelenke
- Ligamentum flavum
- Anulus fibrosus (ist mit den Knochen fest verwachsen)
- Nucleus pulposus (ist nicht mit dem Anulus fibrosus verwachsen).

Zum Glück werden die autochthonen Rückenmuskeln so gut wie nie gefragt. Dafür war bislang das **Diaphragma** mit seinen Durchtrittsstellen in jedem Physikum zu finden. Wertvolle Punkte im Schriftlichen kannst du daher mit dem Wissen aus Tabelle 44 ergattern.

Durchtrittsstelle	Organ
Hiatus aorticus	– Aorta – Ductus thoracicus
Hiatus oesophageus	– Ösophagus – Truncus vagalis ant. und post. – R. phrenicoabdominalis des linken N. phrenicus
Foramen venae cavae	– V. cava inferior – R. phrenicoabdominalis des rechten N. phrenicus
Medialer Lumbalspalt	– N. splanchnicus maj. – V. azygos (rechts) – V. hemiazygos (links)
Lateraler Lumbalspalt	– Truncus sympathicus – N. splanchnicus minor
Trigonum sternocostale (Larrey-Spalte)	– A. und V. epigastrica superior

Tab. 44: Durchtritte Diaphragma

Die **Bauchmuskulatur** erscheint anfangs schwierig. Hast du dir aber einmal vergegenwärtigt, dass der äußere schräge Muskel der einen und der innere schräge der anderen Seite den gleichen Verlauf haben, wird die Sache sehr viel einfacher.

Die **Linea arcuata** als Umschlagfalte des hinteren Blattes der Rektusscheide um den M. transversus abdominis herum ist eine typische Frage in der schriftlichen Prüfung. Dieses Wissen solltest du auch für die Leistenhernien parat haben (s. Abb. 54, S. 68).

- Linea arcuata ist die Umschlagfalte des hinteren Blattes der Rektusscheide um den M. transversus abdominis; Leistenhernien treten unterhalb dieser Linie auf.

Bei den Gefäßen der Leibeswand tauchen der **Verlauf der A. subclavia** durch die Scalenuslücke (im Gegensatz zur V. subclavia) und der **Verlauf der A. thoracica interna** regelmäßig im schriftlichen Physikum auf. Außerdem lohnt es sich zu wissen, dass die Fortführung der A. thoracica interna die A. epigastrica ist und die A. epigastrica die Plica umbilicalis lateralis bildet, die wiederum die Leistenbrüche in laterale und mediale Brüche unterteilt.

- A. subclavia läuft durch die Scalenuslücke, V. subclavia vor dem M. scalenus anterior.
- A. epigastrica bildet die Plica umbilicalis lateralis.
- Interkostalarterien bilden mit der A. thoracica interna Anastomosen.

Inhalt, Verlauf und Bildung des Leistenkanals gehörten schon immer zu den Standardfragen des schriftlichen Physikums. Unbedingt wissen solltest du daher, dass

- die Plica umbilicalis lateralis (gebildet durch die epigastrischen Gefäße) defi-

DAS BRINGT PUNKTE

niert, ob ein Leistenbruch lateral oder medial verläuft,
- der laterale Leistenbruch durch den Anulus inguinalis profundus läuft und häufig auch angeborener Leistenbruch genannt wird (obwohl diese Bezeichnung irreführend ist, da es sehr viele Erwachsene gibt, die einen lateralen Leistenbruch erleiden).

Ebenfalls oft gefragt wird der **Beckenboden**. Daher solltest du Vokabeln wie Diaphragma pelvis und urogenitale oder auch Fossa ischioanalis kennen.
Schließlich wird auch häufig der N. pudendus in seinem Verlauf gefragt. Achtung: Immer wieder wird versucht, dass der Prüfling den Nervus pudendus mit dem Nervus obturatorius verwechselt. Beide liegen zwar streckenweise dicht beieinander, haben aber ansonsten völlig unterschiedliche Verläufe und Funktionen.

Zum Thema **Spinalnerv** solltest du unbedingt wissen, dass
- die graue Substanz grau ist, weil sie die Perikarien enthält und
- die weiße Substanz weiß ist, weil die Myelinscheiden der Nervenfasern weiß sind,
- die graue Substanz Kerngebiete bildet:
  - im Vorderhorn befinden sich die Perikarien der Efferenzen,
  - im Hinterhorn die Perikarien der zweiten afferenten Neurone,
  - im Seitenhorn die Perikarien des autonomen Nervensystems und
  - im Spinalganglion die Perikarien der ersten afferenten Neurone.
- im Spinalganglion die Perikarien pseudounipolarer Neurone liegen; hier wird NIEMALS umgeschaltet.

Daneben ist immer Vorsicht geboten, wenn es um die Begriffe **Radix und Ramus** geht:
- Die Radix anterior enthält ausschließlich Efferenzen,
- die Radix posterior ausschließlich Afferenzen; hier liegt auch das Spinalganglion.
- Der Ramus anterior und posterior enthält gemischte Nerven, zeigt also eine afferente und efferente Aktionspotentialweiterleitung.
- Der Spinalnerv ist ebenso gemischt, d. h. afferent und efferent.

FÜRS MÜNDLICHE

Gleich hast du es geschafft! Teste nun noch dein neues Wissen und lehne Dich danach erstmal entspannt zurück. Hier kommen die wichtigsten Fragen der letzten Examina:

1. Erläutern Sie bitte, welche Bänder der Wirbelsäule bei der Aufrichtung aus gebeugter Rumpfhaltung helfen.

2. Erklären Sie bitte, wie ein „Bandscheibenvorfall" entsteht.

3. Bitte erklären Sie, wo hindurch die Spinalnerven aus dem Rückenmarkkanal herausgelangen.

4. Erläutern Sie bitte die Besonderheiten der Halswirbelkörper.

FÜRS MÜNDLICHE

5. Bitte erklären Sie, wodurch die Beweglichkeit der Wirbelsäule bedingt wird.

6. Erläutern Sie bitte, wodurch die doppelte S-Form der Wirbelsäule entsteht.

7. Sagen Sie, durch wie viele Muskelschichten tritt ein direkter Leistenbruch?

8. Bitte erläutern Sie, welche Funktion der M. obliquus externus abdominis rechts hat.

9. Erklären Sie bitte, wie das Diaphragma innerviert wird.

10. Zählen Sie bitte auf, was gemeinsam mit der Aorta durch den Hiatus aorticus läuft.

11. Bitte sagen Sie, was durch das Centrum tendineum läuft (und warum).

12. Bitte erläutern Sie, worauf ein linksseitiger Zwerchfellhochstand hindeutet.

13. Bitte zeigen Sie, wo die A. thoracica durch das Zwerchfell tritt.

14. Bitte zeigen Sie, wo eine Pleurapunktion angesetzt werden müsste.

15. Erklären Sie bitte, woher die ersten beiden Interkostalarterien stammen.

16. Bitte erklären Sie, wie die Plica umbilicalis lateralis gebildet wird.

17. Erläutern Sie bitte die Bedeutung der A. epigastrica bei den Leistenbrüchen.

18. Erklären Sie bitte, woher die A. epigastrica stammt und wohin sie verläuft.

19. Bitte erklären Sie, wo die V. azygos und wo die V. hemiazygos münden.

20. Bitte erklären Sie, wie der N. pudendus verläuft.

21. Wissen Sie, wer die Fossa ischioanalis bildet?

22. Bitte erläutern Sie, was der Canalis pudendalis (Alkock-Kanal) ist.

23. Nennen Sie bitte den Unterschied zwischen afferenter und efferenter Informationsweiterleitung. Geben Sie bitte jeweils Beispiele.

24. Bitte erklären Sie, was ein Spinalganglion ist.

25. Erklären Sie bitte, welche Neurone im Hinterhorn der grauen Substanz des Rückenmarks liegen.

26. Radix und Ramus eines Spinalnerven, bitte nennen Sie den Unterschied.

27. Erläutern Sie, wie die Fasern des Sympathikus in den Kopf gelangen.

Die Bänder der Wirbelsäule sowie die Besonderheiten der Halswirbel und Bandscheiben sind das A und O. Wer glänzen will, kann für die Zwischenwirbelgelenke anstelle von „Articulationes intervertebrales" „Zygapophysialgelenke" sagen und ihre Stellung im Raum als Ursache für die unterschiedliche Beweglichkeit der Wirbelsäulenabschnitte hervorheben.

1. Erläutern Sie bitte, welche Bänder der Wirbelsäule bei der Aufrichtung aus gebeugter Rumpfhaltung helfen.

Ligg. flava.

FÜRS MÜNDLICHE

2. Erklären Sie bitte, wie ein „Bandscheibenvorfall" entsteht.
Die Bandscheibe fällt nicht komplett vor, sondern der Nucleus pulposus rutscht aus dem Anulus fibrosus heraus und drückt dann auf die Spinalnerven.

3. Bitte erklären Sie, wo hindurch die Spinalnerven aus dem Rückenmarkkanal herausgelangen.
Durch die Foramina intervertebralia.

4. Erläutern Sie bitte die Besonderheiten der Halswirbelkörper.
- Uncus corporis
- Foramina transversalia C1 bis C6 für den Durchtritt der A. vertebralis
- Gespaltene Dornfortsätze
- Atlas hat keinen Corpus
- Axis hat einen Dens

5. Bitte erklären Sie, wodurch die Beweglichkeit der Wirbelsäule bedingt wird.
Durch die Zygapophysialgelenke/deren Stellung im Raum.

6. Erläutern Sie bitte, wodurch die doppelte S-Form der Wirbelsäule entsteht.
Anpassung an die Belastung beim aufrechten Gang.

Das Zwerchfell mit seinen Durchtrittsstellen ist ein beliebtes Thema in mündlichen Prüfungen, ebenso wie die Bauchmuskulatur. Der genaue Verlauf der Rektusscheide wie auch die schräge Bauchmuskulatur in ihren Schichten wird oft gefragt. Meist dienen diese Fragen als Eingang zu dem leidigen Thema Leistenbrüche. Nimm dir am besten vor der Prüfung ein Gummiband zur Hand und stell den Verlauf der einzelnen Muskeln nach. So lässt sich ihre Funktion besser verstehen.

7. Sagen Sie, durch wie viele Muskelschichten tritt ein direkter Leistenbruch?
Durch keine: Ein direkter Leistenbruch tritt durch das Hesselbach-Dreieck, eine muskelfreie Stelle der Bauchwand.

8. Bitte erläutern Sie, welche Funktion der M. obliquus externus abdominis rechts hat.
Er zieht die rechte Schulter in Richtung des linken Fußes.

9. Erklären Sie bitte, wie das Diaphragma innerviert wird.
Vordere Äste der Spinalnerven C3 bis C5 bilden den N. phrenicus.

10. Zählen Sie bitte auf, was gemeinsam mit der Aorta durch den Hiatus aorticus läuft.
Ductus thoracicus.

11. Bitte sagen Sie, was durch das Centrum tendineum läuft (und warum).
Die V. cava inferior; sie würde, falls sie durch die Muskelfasern hindurchtreten müsste, bei jeder Einatmung komprimiert werden.

12. Bitte erläutern Sie, worauf ein linksseitiger Zwerchfellhochstand hindeutet.
Auf einen Ausfall des linken N. phrenicus.

13. Bitte zeigen Sie, wo die A. thoracica durch das Zwerchfell tritt.
Trigonum sternocostale, auch Larrey-Spalte genannt.

Auch hier sind besonders die A. thoracica interna und ihr weiterer Verlauf als A. epigastrica superior und inferior (Plica umbilicalis lateralis) wichtig. Darüber hinaus wird gerne gefragt, wo im Verhältnis zu den Rippen die A. intercostalis verläuft: nämlich immer unter den Rippen. Das wird bei der Pleurapunktion relevant, denn mit diesem Wissen kann man am Oberrand einer Rippe die Nadel einführen, ohne ein Gefäß zu verletzen.

FÜRS MÜNDLICHE

14. Bitte zeigen Sie, wo eine Pleurapunktion angesetzt werden müsste.
Am kranialen Rippenrand, um Gefäßverletzungen vorzubeugen.

15. Erklären Sie bitte, woher die ersten beiden Interkostalarterien stammen.
Aus der A. subclavia über die A. intercostalis suprema, alle anderen stammen aus der Aorta.

16. Bitte erklären Sie, wie die Plica umbilicalis lateralis gebildet wird.
Aus der A. epigastrica.

17. Erläutern Sie bitte die Bedeutung der A. epigastrica bei den Leistenbrüchen.
Durch sie wird unterschieden, ob es sich um mediale oder laterale Leistenbrüche handelt.

18. Erklären Sie bitte, woher die A. epigastrica stammt und wohin sie verläuft.
Sie ist die Fortführung der A. thoracica interna und bildet mit der A. iliaca externa eine Anastomose.

19. Bitte erklären Sie, wo die V. azygos und wo die V. hemiazygos münden.
Die V. hemiazygos mündet in die V. azygos und die dann in die V. cava superior.

Auch in der mündlichen Prüfung sind Leistenbrüche eines der besonders beliebten Themen. Wer hier die Plicae umbilicales samt ihrer embryologischen Herkunft sicher benennen kann, hat schon viele Pluspunkte gesammelt. Auch eine kurze Erklärung, was die Linea arcuata ist und wie sie entsteht (nämlich aus dem Umschlagen des hinteren Blattes der Rektusscheide um den Unterrand des M. transversus abdominis), lässt das Prüferherz höher schlagen.

- Direkter Leistenbruch = medial der Plica umbilicalis, immer erworben
- Indirekter Leistenbruch = lateral der Plica umbilicalis lateralis, tritt durch den Leistenkanal
- Plica umbilicalis mediana = ehemaliger Urachus
- Plica umbilicalis medialis = ehemalige Nabelarterien
- Plica umbilicalis lateralis = A. und V. epigastrica

Für diejenigen, die in der Mündlichen wirklich glänzen wollen: Bei der Operation von Leistenhernien besteht die Gefahr, epigastrische Gefäße zu verletzen. Verfügen diese zudem noch über eine Corona mortis (eine Anastomose zur A. obturatoria), kann es ziemlich blutig und damit gefährlich werden. Wer im Mündlichen außerdem den Beckenboden mit beiden Diaphragmen, der Fossa ischioanalis und den Verlauf des N. pudendus aufzählen kann, ist ganz gewiss kein Kandidat fürs Durchfallen mehr.

20. Bitte erklären Sie, wie der N. pudendus verläuft.
Verlauf N. pudendus: heraus aus dem kleinen Becken durch das Foramen infrapiriforme, dann um das Lig. sacrospinale herum und durch das Foramen ischiadicum minus wieder in das kleine Becken hinein, dann im Canalis pudendalis (Doppelung der Faszie des M. obturatorius internus) innerhalb der Fossa ischioanalis nach ventral zu den Genitalorganen.

21. Wissen Sie, wer die Fossa ischioanalis bildet?
Fossa ischioanalis wird von den Faszien folgender Muskeln gebildet:

- M. obturatorius internus,
- Diaphragma pelvis,
- Diaphragma urogenitale.

22. Bitte erläutern Sie, was der Canalis pudendalis (Alkock-Kanal) ist.
Canalis pudendalis = Doppelung der Faszie des M. obturatorius internus innerhalb der Fossa ischioanalis.

Auch im Mündlichen wird gerne nach den Kerngebieten der einzelnen Spinalnerven gefragt. Daher sollten Begriffe wie afferent und efferent auf jeden Fall sitzen. Daneben machen sich auch immer einige Beispiele gut, die du einfließen lässt. Also nicht unbedingt warten bis du danach gefragt wirst, sondern raus mit dem Wissen ...

23. Nennen Sie bitte den Unterschied zwischen afferenter und efferenter Informationsweiterleitung. Geben Sie bitte jeweils Beispiele.
Afferent bedeutet aus der Peripherie zum ZNS hin. Beispiel: sensible Informationen (Schmerz, Temperatur, Lagesinn etc.).
Efferent bedeutet vom ZNS in Richtung Peripherie. Beispiel: α-Motoneurone, Efferenzen des autonomen Nervensystems.

24. Bitte erklären Sie, was ein Spinalganglion ist.
Der Ort, wo die Perikarien afferenter Neurone eines Spinalnerven liegen. Es handelt sich um pseudounipolare Nervenzellkörper. Im Spinalganglion wird NICHT umgeschaltet.

25. Erklären Sie bitte, welche Neurone im Hinterhorn der grauen Substanz des Rückenmarks liegen.
Die Perikarien der zweiten afferenten Neurone. Von hier aus werden die Informationen nach Umschaltung auf das zweite afferente Neuron zum ZNS weitergeleitet.

26. Radix und Ramus eines Spinalnerven, bitte nennen Sie den Unterschied.
Radices sind die Wurzeln, die den Spinalnerven bilden. Die vordere Wurzel enthält ausschließlich efferente Fasern, die hintere Wurzel ausschließlich afferente Fasern.
Ramus anterior und posterior sind die beiden Hauptäste eines Spinalnerven, beide sind gemischt, enthalten also sowohl afferente als auch efferente Fasern.

27. Erläutern Sie, wie die Fasern des Sympathikus in den Kopf gelangen.
Im Gegensatz zu Rumpf und Extremitäten gelangen sympathische Fasern nicht über Nerven in den Kopf, sondern ziehen mit den Gefäßen dorthin.

Mehr Cartoons unter www.medi-learn.de/cartoons

Pause

Geschafft! Hier ein kleiner Cartoon als Belohnung.

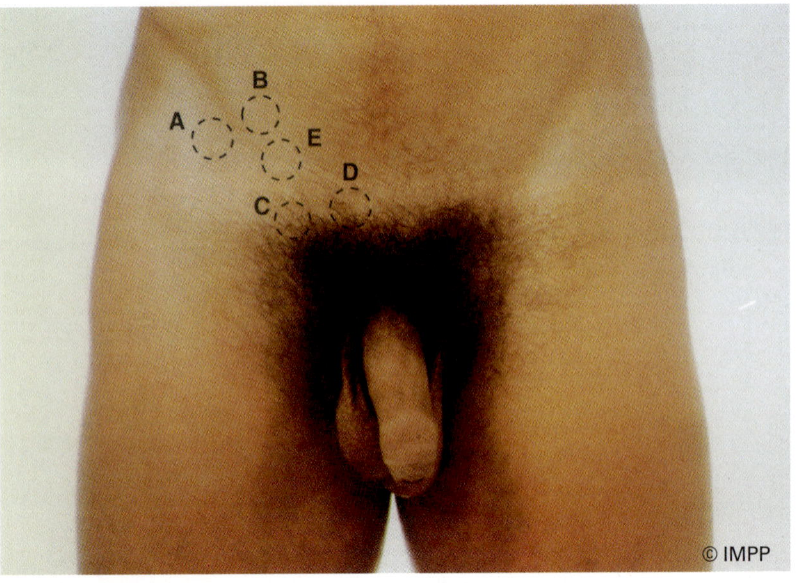

IMPP-Bild 1: Canalis inguinalis
medi-learn.de/ana5-impp1

Gefragt wurde nach der Hautstelle, unter der sich der Anulus inguinalis superficialis befindet. Dies ist der Bereich D.

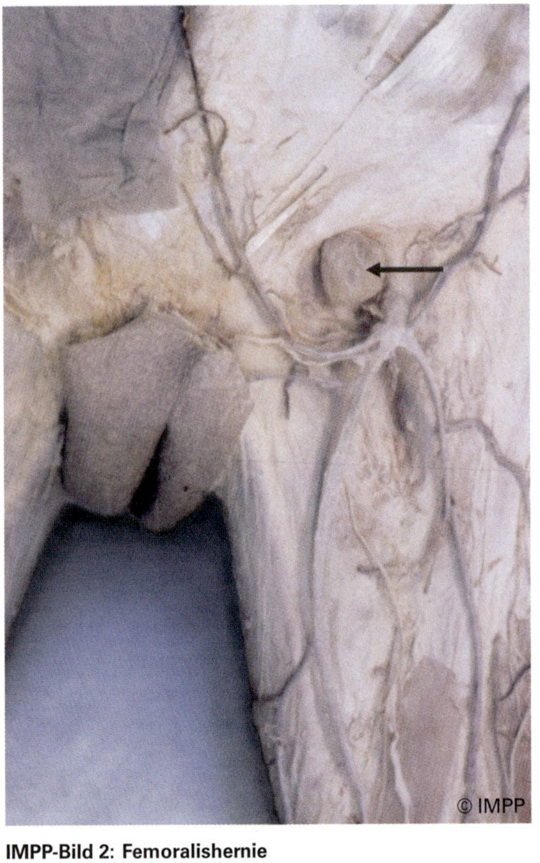

IMPP-Bild 2: Femoralishernie
medi-learn.de/ana5-impp2

Hierbei handelt es sich um eine Hernia femoralis. Gut zu erkennen ist der Bruchsack (Pfeil) neben der V. femoralis. Damit ist klar, dass die Bruchpforte die Lacuna vasorum und die gefragte Hernie eine Femoralishernie ist. Gefestigt wird diese Diagnose durch die Tatsache, dass es sich hier um eine Frau handelt (s. S. 68).

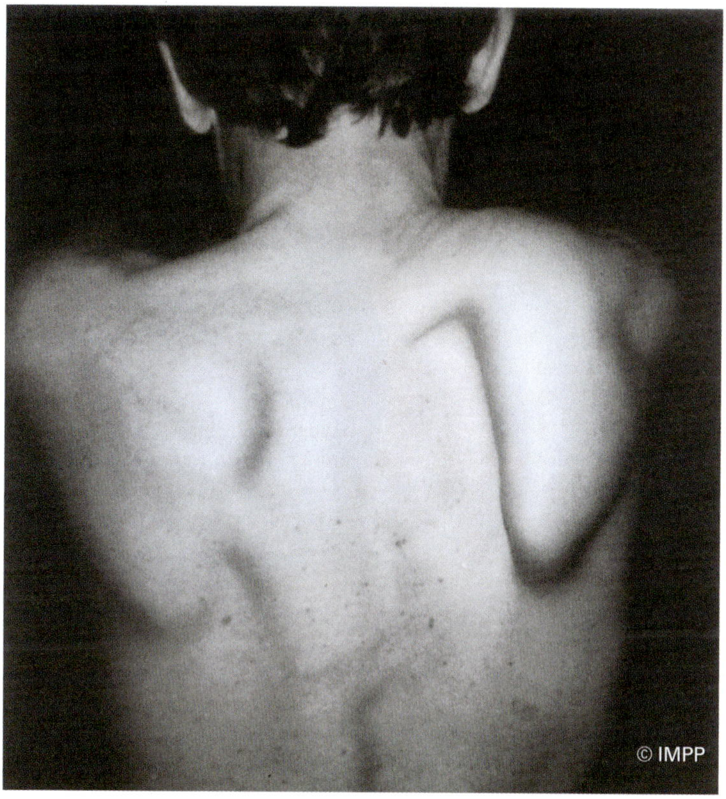

IMPP-Bild 3: Scapula alata
medi-learn.de/ana5-impp3

Typisches Bild einer Scapula alata bei Schädigung des N. thoracicus longus: Dadurch fällt die Innervation des M. serratus ant. aus, der die Scapula am Rumpf fixiert. Gut zu sehen ist der vergrößerte Abstand zwischen Margo medialis und Wirbelsäule auf der pathologisch betroffenen Seite.

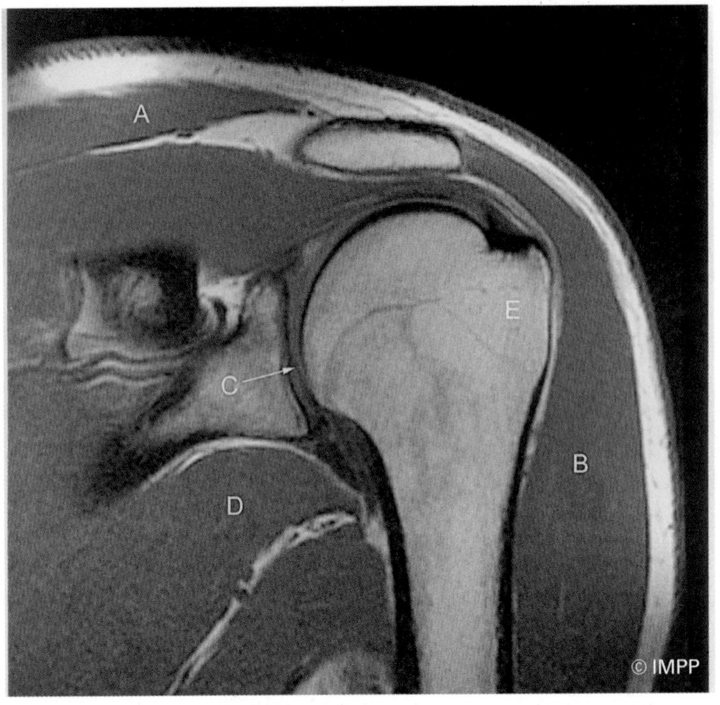

A: M. trapezius
B: M. deltoideus
C: Cavitas glenoidalis
D: M. subscapularis
E: Tuberculum majus

IMPP-Bild 4: MRT der linken Schulter
medi-learn.de/ana5-impp4

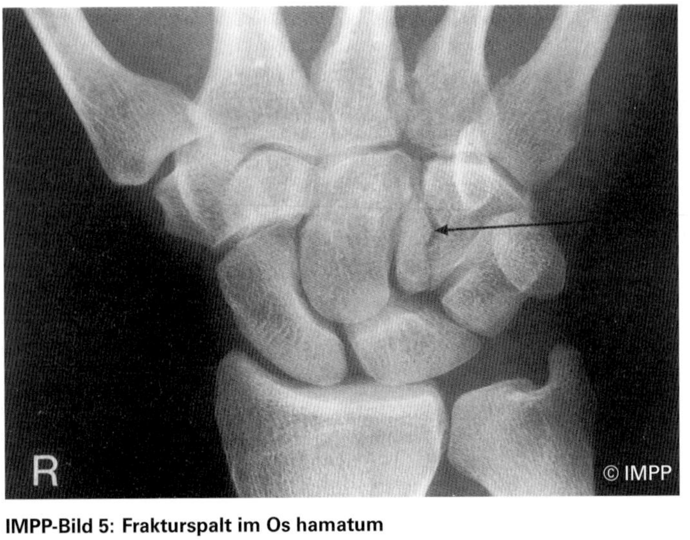

Hierbei handelt es sich um eine frische Fraktur des Os hamatum, genauer an dessen Basis. Der Hamulus ossis hamati ist erhalten.

IMPP-Bild 5: Frakturspalt im Os hamatum
medi-learn.de/ana5-impp5

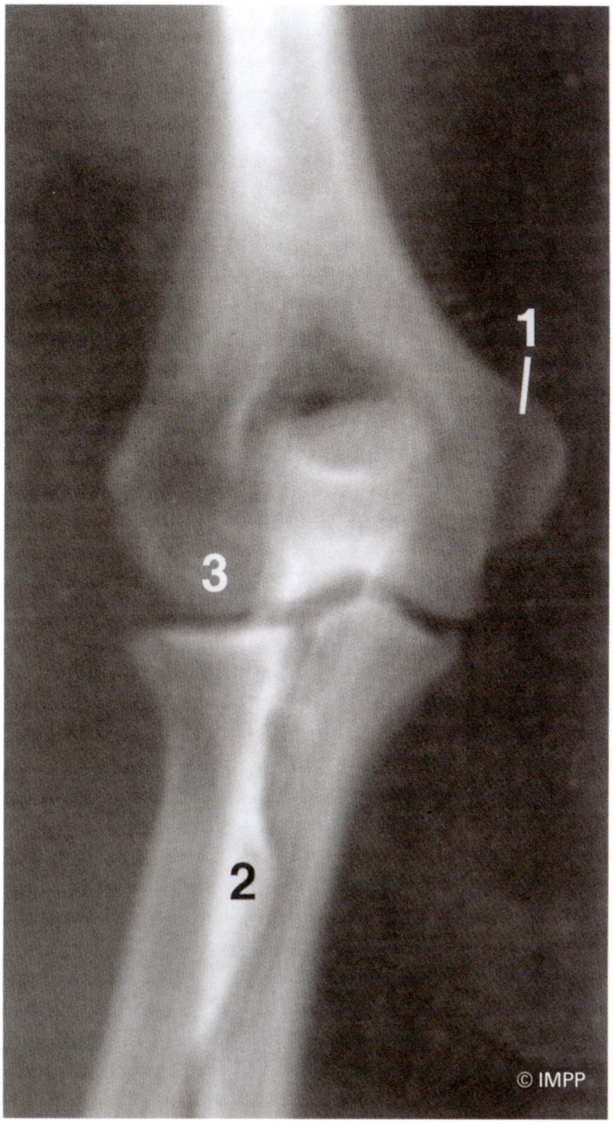

1: Epicondylus humeri medialis
2: Tuberositas radii
3: Capitulum humeri

IMPP-Bild 6: Ellenbogengelenk
medi-learn.de/ana5-impp6

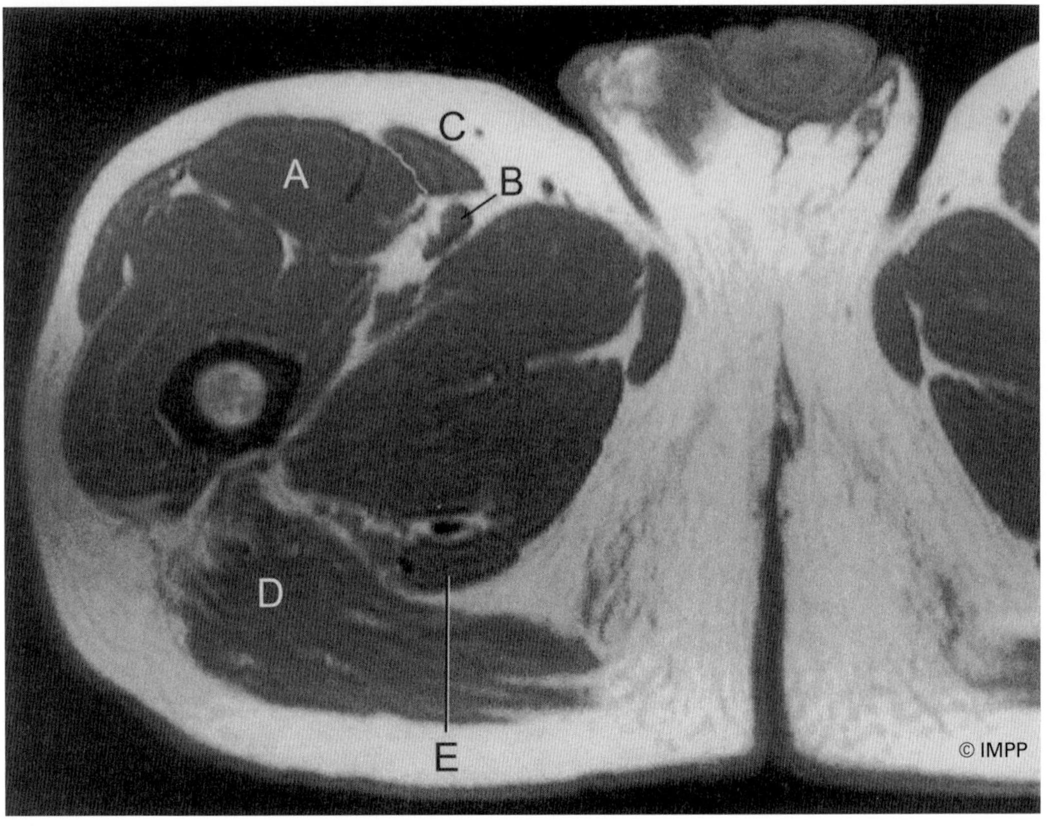

IMPP-Bild 7: CT-Querschnitt durch den rechten Oberschenkel
medi-learn.de/ana5-impp7

Blickrichtung (wie immer beim CT) von kaudal nach kranial, daher ist medial rechts und lateral links.

A: Rectus femoris des M. quadrizeps
B: A. et V. femoralis
C: M. sartorius
D: Fasern des M. glutaeus maximus
E: ischiokrurale Muskulatur

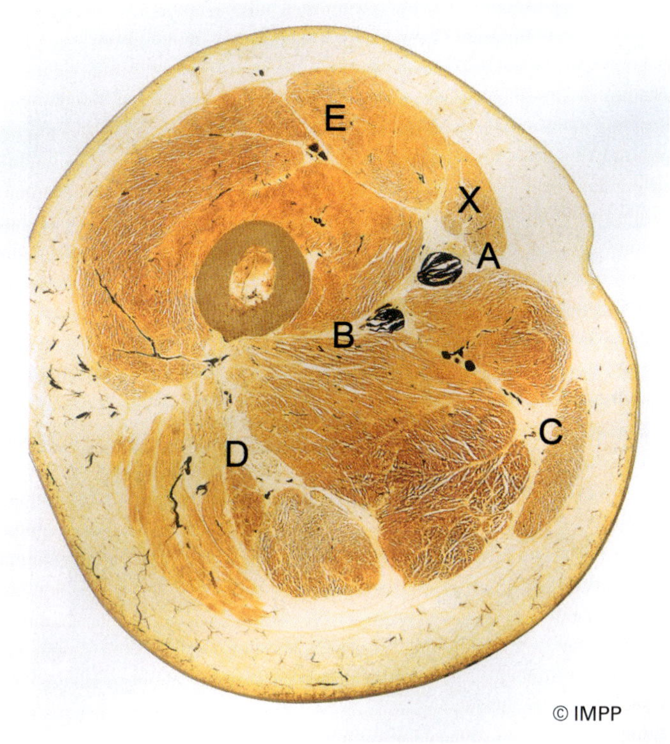

Blick von kaudal nach kranial. Gefragt wurde nach folgenden Strukturen:

A: A. femoralis
B: V. femoralis
C: Bindegewebe
D: N. ischiadicus
E: M. vastus medialis
X: Der mit X markierte Muskel (M. sartorius) beugt im Hüftgelenk. Der Gefäßnervenstrang, der unter dem M. sartorius liegt, verläuft weiter proximal im Trigonum femorale.

IMPP-Bild 8: Querschnitt durch ein Präparat des rechten Oberschenkels
medi-learn.de/ana5-impp8

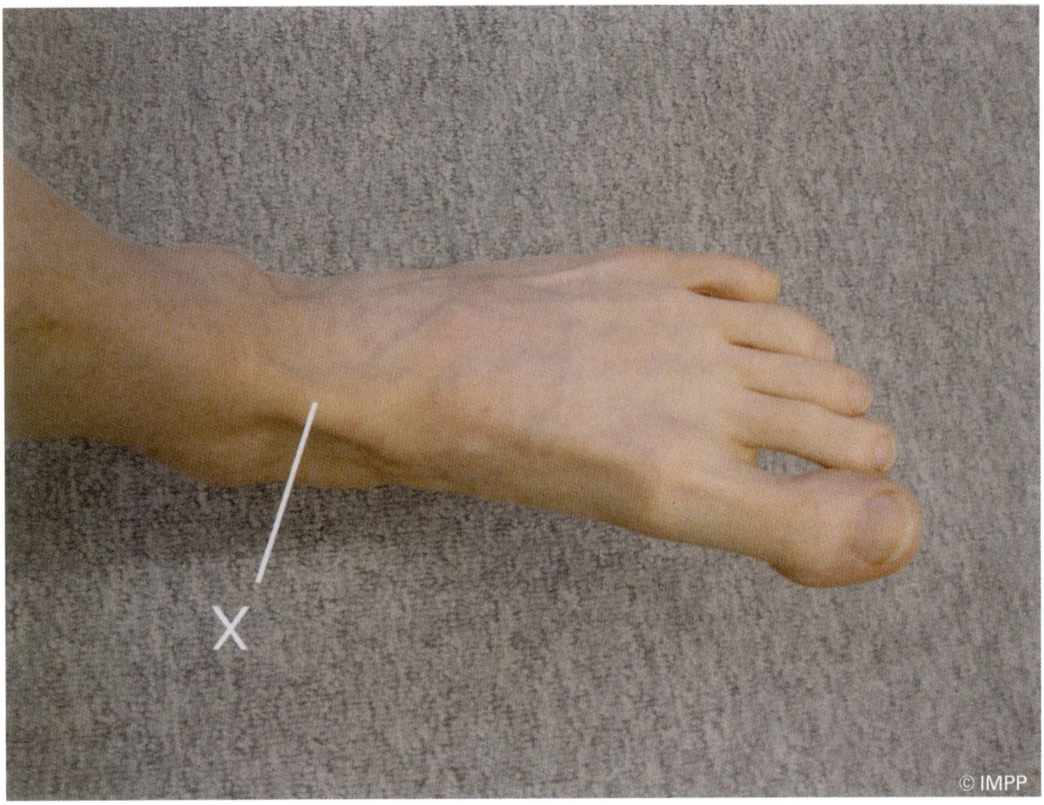

X markiert die Sehne des M. tibialis anterior. Lateral davon liegt die Sehne des M. extensor hallucis longus – bitte nicht verwechseln! Die Sehne des M. tibialis anterior zieht medial nach kaudal (hier sehr gut zu erkennen), während die Sehne des M. extensor hallucis longus am Fußrücken zur Großzehe zieht.

IMPP-Bild 9: Sehne des M. tibialis anterior

medi-learn.de/ana5-impp9

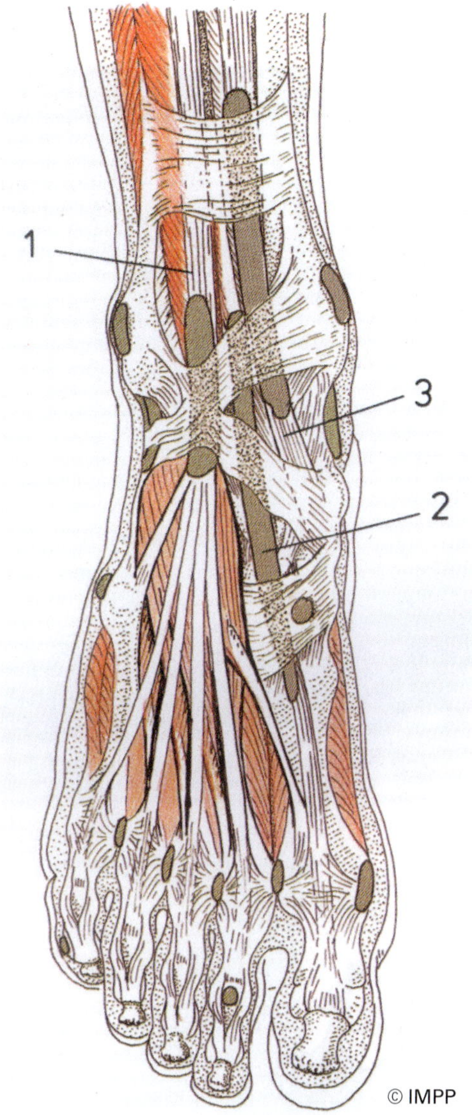

1: Sehne des M. extensor digitorum longus
2: Sehne des M. extensor hallucis longus
3: Sehne des M. tibialis anterior

IMPP-Bild 10: Extensoren des Unterschenkels

medi-learn.de/ana5-impp10

Anhang

Index

Index

Feedback

Deine Meinung ist gefragt!

Es ist erstaunlich, was das menschliche Gehirn an Informationen erfassen kann. Slbest wnen kilene Fleher in eenim Txet entlheatn snid, so knnsat du die eigneltchie lofnrmotian deoncnh vershteen – so wie in dsieem Text heir.

Wir heabn die Srkitpe mecrfhah sehr sogrtfältg güpreft, aber vilcheliet hat auch uesnr Girehn – so wie deenis grdaee – unbeswust Fheler übresehne. Um in der Zuuknft noch bsseer zu wrdeen, bttein wir dich dhear um deine Mtiilhfe.

Sag uns, was dir aufgefallen ist, ob wir Stolpersteine übersehen haben oder ggf. Formulierungen verbessern sollten. Darüber hinaus freuen wir uns natürlich auch über positive Rückmeldungen aus der Leserschaft.

Deine Mithilfe ist für uns sehr wertvoll und wir möchten dein Engagement belohnen: Unter allen Rückmeldungen verlosen wir einmal im Semester Fachbücher im Wert von 250 Euro. Die Gewinner werden auf der Webseite von MEDI-LEARN unter www.medi-learn.de bekannt gegeben.

Schick deine Rückmeldung einfach per E-Mail an support@medi-learn.de oder trag sie im Internet in ein spezielles Formular für Rückmeldungen ein, das du unter der folgenden Adresse findest:

www.medi-learn.de/rueckmeldungen